核电厂维修人员通用技能培训教材

# 机械维修

中核核电运行管理有限公司　组织编写

中国原子能出版社

图书在版编目（CIP）数据

核电厂维修人员通用技能培训教材. 机械维修 / 中核核电运行管理有限公司组织编写. —北京：中国原子能出版社，2020.11（2024.7 重印）
ISBN 978-7-5221-0958-9

Ⅰ. ①核… Ⅱ. ①中… Ⅲ. ①核电厂-机械维修-技术培训-教材 Ⅳ. ①TM623.7

中国版本图书馆 CIP 数据核字（2020）第 192085 号

核电厂维修人员通用技能培训教材　机械维修

出版发行　中国原子能出版社（北京市海淀区阜成路 43 号　100048）
责任编辑　刘东鹏
装帧设计　赵　杰
责任校对　冯莲凤
责任印制　赵　明
印　　刷　中煤（北京）印务有限公司
经　　销　全国新华书店
开　　本　787 mm×1092 mm　1/16
印　　张　14.625
字　　数　366 千字
版　　次　2020 年 11 月第 1 版　2024 年 7 月第 2 次印刷
书　　号　ISBN 978-7-5221-0958-9　　定　价　104.00 元

网址：http://www.aep.com.cn　　E-mail：atomep123@126.com
发行电话：010-88828678

核电厂维修人员通用技能培训教材

# 机械维修

## 编审委员会

| | | | | |
|---|---|---|---|---|
| 主　任 | 邹正宇 | | | |
| 副主任 | 朱晓斌 | 刘崇都 | 吴炳泉 | 董军成 |
| 委　员 | 王孔钊 | 王晓波 | 方幼君 | 卢才华 |
| | 叶丹萌 | 朱　磊 | 孙国忠 | 李厚文 |
| | 吴小海 | 吴明亮 | 邹俊磊 | 张世敏 |
| | 周瑞东 | 郑建华 | 费志松 | 徐宏明 |
| | 盛建华 | 韩光辉 | 蒲晓彬 | 樊鹏飞 |
| 编　者 | 马少亮 | 王　波 | 王琳琳 | 王燕良 |
| | 毛海谊 | 史佳俊 | 刘　强 | 孙　营 |
| | 牟　杨 | 何少华 | 邵　震 | 卓　伦 |
| | 赵永顺 | 姚建远 | 贾小强 | 贾成凯 |
| | 奚　群 | 郭宏宇 | 龚福君 | 韩　鹏 |
| | 景战云 | 曾韵韬 | | |
| 审　者 | 王　波 | 方幼君 | 卢才华 | 刘　强 |
| | 许永军 | 孙国忠 | 忻　勇 | 张云华 |
| | 陈宝成 | 陈　梁 | 姜向平 | 韩光辉 |

# 出版前言

为保障入职核反应堆维修新员工获得应对正常工况和紧急情况所需的基本工作技能和技术水平，中核核电运行管理有限公司维修领域各处室和综合培训处在完成维修通用技能培训科目编制和教学实施工作的基础上，继续推动了《维修通用技能培训教材》机械合订本的出版工作。

《维修通用技能培训教材》机械合订本中所有科目于 2014 年编制完成。2015 年开始面向维修领域新员工在入厂培训后进行教学实施，并纳入中核核电运行管理有限公司各维修处室的岗位培训清单。《维修通用技能培训教材》机械合订本的所属科目在维修领域的新员工技能培训工作中起到了“提高维修技能水平、保障机组安全生产”的作用。为了更好发挥维修通用技能培训教材的作用，配合核电厂维修领域工作的顺利有序开展，便于培训部门有效地组织培训，正确引导学员通过培训、学习，提高自身素质和能力，中核核电运行管理有限公司综合培训处组织印刷出版《维修通用技能培训教材》机械合订本。

《维修通用技能培训教材》机械合订本内容紧扣维修领域新入职员工所迫切需要掌握的基本机械维修相关技能；通过对核电厂共性通用机械设备知识学习和基本操作技能演练，从而达到可以对核电厂通用机械设备进行辨识；通过对核电厂共性机械设备基本操作演练，正确认识岗位上机械设备的基本操作方法，进而具备核电厂机械维修人员对现场设备检修的基本能力。

《维修通用技能培训教材》机械合订本包含 15 个部分，涵盖核电厂共性通用机械设备的理论知识和基本操作技能。其中第一部分 旋启式止回阀解体检查由邵震负责编写，第二部分 球阀维修由马少亮、王燕良负责编写，第三部分 隔膜阀维修由马少亮负责编写，第四部分 安全阀维修由马少亮负责编写，第五部分 减压阀维修由马少亮、孙营负责编写，第六部分 手动截止阀解体检查由贾成凯负责编写，第七部分 闸阀维修由奚群、曾韵韬负责编写，第八部分 单级悬臂式离心泵对中装置由姚建远负责编写，第九部分 多级离心泵由姚建远负责编写，第十部分 柱塞泵由龚福君、郭宏宇负责编写，第十一部分 动力传动装置由景战云负责编写，第十二部分 空气压缩机由毛海谊负责编写，第十三部分 风机维修由史佳俊负责编写，第十四部分 蝶阀维修由马少亮负责编写，第十五部分 手动研磨技术由王燕良负责编写。各部分内容均涵盖核电厂工艺系统中涉及维修管辖的共性化机械设备基本维修技能。

《维修通用技能培训教材》机械合订本的编制出版，凝聚着编、审、校、排、印及组织管理人员的大量辛勤劳动和心血，同时得到了相关部门的大力支持和热情帮助，在此表示深深地谢意！

《维修通用技能培训教材》机械合订本中如有不妥之处，恳请批评指正。

**中核核电运行管理有限公司**

# 目　录

## 第一部分　旋启式止回阀解体检查



## 第二部分　球阀维修

## 第三部分 隔膜阀维修

# 第四部分　安全阀维修

## 第五部分 减压阀维修

# 第六部分 手动截止阀解体检查

## 第七部分　闸阀维修

## 第八部分 单级悬臂式离心泵对中装置

## 第九部分 多级离心泵



## 第十部分 柱塞泵

## 第十一部分 动力传动装置

## 第十二部分　空气压缩机



## 第十三部分　风机维修

# 第十四部分 蝶阀维修

## 第十五部分　手动研磨技术

# 第一部分 旋启式止回阀解体检查

## 第一章 操作准备

### 1.1 原理描述

止回阀是利用止回机构阻止流体介质倒流的自动启闭阀门，是能够阻止系统流体倒流的阀门。止回阀的阀瓣在流体压力的作用下自动开启，流体从进口侧流向出口侧。当进口侧压力低于出口侧时，阀瓣在流体压差、本身重力因素作用下自动封闭以防止流体倒流。止回阀也称逆止阀，根据结构形式可分为旋启式、升降式、碟式等。在这里我们仅对旋启式止回阀进行介绍。

旋启式止回阀的阀体内有一个垂直于管道轴又略倾斜的阀座，一个平盘形阀瓣顶靠在阀座上，并按流体流动方向绕连接轴摆动，阀瓣的转动轴位于阀瓣的重心上方。流体正向流动时，其推力作用在阀瓣上，使其保持向上打开的状态，处于开启位置；流体反向，阀瓣落下，在反向推力作用下，其阀瓣贴合在阀体内的阀座密封面上，阀门关闭。旋启式止回阀的结构一般包括：阀体、阀盖、阀瓣、轴、摇臂等部件，如图 1-1 所示。

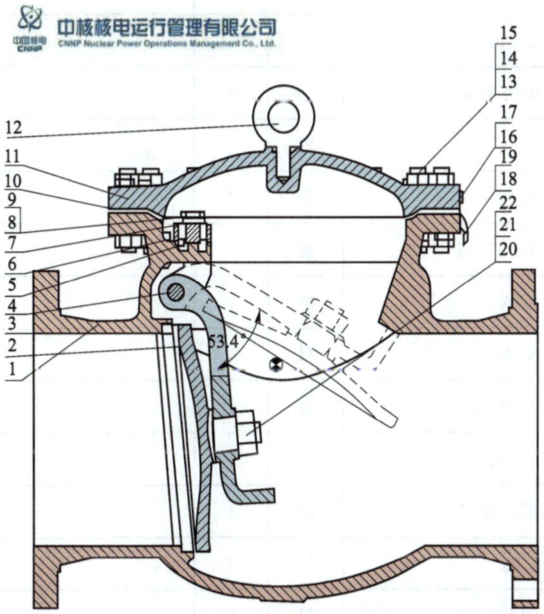


非核规范级旋启式止回阀

| 序号 | 名称 | 材料 |
|---|---|---|
| 1 | 阀体组件 | 组件图 |
| 1.1 | 阀体 | WCB |
| 1.2 | 阀座 | A105+STL6 |
| 2 | 阀瓣 | A105+STL6 |
| 3 | 摇杆 | WCB |
| 4 | 销轴 | 1Cr13 |
| 5 | 销 B10×30 | 1Cr13 |
| 6 | 支架 | WCB |
| 7 | 垫片 | 1Cr13 |
| 8 | 垫片 | S6590-ZL7 |
| 9 | 螺栓 M16×50 | B7 |
| 10 | 垫圈 16 | 65Mn |
| 11 | 阀盖 | WCB |
| 12 | 螺钉 M24 | 25 |
| 13 | 螺柱 M16×110 | B7 |
| 14 | 螺母 M16 | 2H |
| 15 | 双耳止动垫圈 16 | Q235-A |
| 16 | 铭牌 | 1Cr18Ni9Ti |
| 17 | 铆钉 2×6 | 1Cr18Ni9Ti |
| 18 | 标牌 | 1Cr18Ni9Ti |
| 19 | 钢丝 $\phi$ 0.3×120 | 1Cr18Ni9Ti-R |
| 20 | 锁紧垫片 30 | 1Cr13 |
| 21 | 锁紧螺母 M30 | 1Cr13 |
| 22 | 钢丝 $\phi$ 3.5×75 | 1Cr13 |

图 1-1 旋启式止回阀结构图

## 1.2 文件准备

在核电厂现场实施检修工作前，要进行检修工作的文件准备，需要准备工作主要包括：工作包、工前工后会记录、规程、QDR、质量计划、辐射防护许可证等。新学员在进入工作岗位前需要知晓检修工作中完整的文件准备内容。

## 1.3 工器具准备

工器具见表 1-1、表 1-2。

表 1-1 量具

| 序号 | 名称 | 型号/规格 | 单位 | 数量 | 精度 |
|---|---|---|---|---|---|
| 1 | 游标卡尺 | 150 mm | 把 | 1 | 0.02 mm |
| 2 | 内径千分尺 | N/A | 把 | 1 | 根据需求而定 |
| 3 | 外径千分尺 | N/A | 把 | 1 | 根据需求而定 |
| 4 | 塞尺 | 0.02～1.00 | 把 | 1 | 0.02 mm |
| 5 | 深度游标尺 | 200 mm | 把 | 1 | 0.02 mm |
| 6 | 钢板尺 | 200 mm | 把 | 1 | 1 mm |

表 1-2 工具清单

| 序号 | 名称 | 型号/规格/图号 | 单位 | 数量 | 备注 |
|---|---|---|---|---|---|
| 1 | 铜棒 | $\phi$ 30×300 | 只 | 1 | |
| 2 | 呆扳手 | SW10～SW36 | 套 | 1 | |
| 3 | 撬棒 | N/A | 根 | 1 | |
| 4 | 十字螺丝刀 | N/A | 把 | 1 | |
| 5 | 梅花扳手 | SW10～SW36 | 套 | 1 | |
| 6 | 铲刀 | N/A | 把 | 1 | |
| 7 | 工具盒 | N/A | 只 | 1 | |
| 8 | 公制内六角扳手 | SW10～SW36 | 套 | 1 | |
| 9 | 英制内六角扳手 | 1/8～1-1/2″ | 套 | 1 | |
| 10 | 力矩扳手 | 根据需求自定 | 把 | 1 | |
| 11 | 手拉葫芦 | 2 吨 | 只 | 3 | |
| 12 | 记号笔 | 油性 | 只 | 1 | |

续表

| 序号 | 名称 | 型号/规格/图号 | 单位 | 数量 | 备注 |
|---|---|---|---|---|---|
| 13 | 吊带 | 按需选用 | 只 | 1 | |
| 14 | 尖嘴钳 | N/A | 只 | 1 | |
| 15 | 强光手电 | N/A | 把 | 1 | |
| 16 | 刷子 | N/A | 只 | 1 | |
| 17 | 清洗盆 | N/A | 只 | 1 | |

## 1.4 模拟体准备

模拟体实物由培教中心提供,型号 H44H-25 DN200。模拟体实物按照旋启式止回阀设计制造国家标准要求生产的合格产品,经过强度试验、密封性试验。教学实践中禁止擅自进行操作,严格按照教师要求和规程要求执行,避免损坏模拟体,影响教具的正常使用。

## 1.5 辐射防护准备

确定模拟解体检查区域,建立检修辐射防护隔离区域。教学过程中需要模拟实施辐射防护,需要说明在现场实际工作中所要采取的防护措施。根据不同的辐射水平,所采取的辐射防护措施也有所不同,具体依照现场工作环境而确定,辐射防护的措施一般有以下内容:

1) 穿戴辐射防护用品,如乳胶手套、口罩、纸衣等;

2) 现场铺设塑料布,放置塑料袋;工作人员佩戴剂量率仪表,控制作业时间,做好防异物措施;

3) 如需要研磨之前需对阀体内腔进行清理,研磨之后需对研磨工具进行辐射检测并清理;

4) 涉及零部件的运出,需要及时办理许可证。

## 1.6 工业安全准备

按照工业安全规定执行,所有人员穿戴劳动保护用品。具体的工业安全准备需根据现场环境而确定,但基本的工业安全需要准备。所有人员必须佩戴安全帽、防砸鞋、工作服、手套等。检修场地使用警示带进行围栏,确保工作过程中无非工作人员进入。设备起吊、放置过程中,确保吊带绑扎牢固,防止设备掉落。

## 1.7 配合人员准备

按照检修的最低人员配置,每项作业人员不得少于两人。检修小组人员设工作负责人一名,辅助人员一人或一人以上,检修小组最好不要超过 3 人。根据教学的实际情况确定。

## 1.8 场地准备

现场铺设有色塑料布用于摆放工器具和建立检修区域，确保检修场地无其他异物；合理分配场地，确保工具、设备的合理分布，方便检修；在场地外围布置警示带，做好检修隔离区及防辐射隔离区布置。

# 第二章　操作实施

## 2.1　操作实施 1

阀门解体操作见表 2-1。

**表 2-1　阀门解体（模拟核岛厂房现场）**

| 序号 | 操作步骤 | 操作要求 | 工器具 | 测评标准 | 备注 |
|---|---|---|---|---|---|
| 1 | 确认开工文件、安措、场地准备、备件材料检查合格 | 文件有效，备件合格，场地布置完成并符合要求，安措确认 | | | |
| 2 | 检查阀门外观、结构是否完整，是否有设备标牌丢失，是否有泄漏痕迹 | | | | 目视检查 |
| 3 | 根据检修现场的要求，摆放好设备和工具，周围设置隔离带及警示牌，地面铺置垫设备零部件所需的木板、枕木、塑料布及橡皮等 | 建立辐射防护隔离区、检修隔离区 | | | |
| 4 | 设备解体前应做必要的编号、方位标记等，以便设备回装复位 | 记号标注清晰 | 记号笔 | 标注准确 | |
| 5 | 测量检查阀盖(中法兰)间隙 | 测量准确 | 塞尺、游标卡尺 | 正确使用量具 | |
| 6 | 拆除的紧固螺栓表面喷洒松锈剂，以便螺栓的拆除工作顺利进行 | 正确使用松锈剂 | | 化学品使用需有绿标 | |
| 7 | 拆卸阀盖螺栓螺母，取下阀盖 | 正确使用工具 | 开口扳手，梅花扳手 | 严禁敲击扳手 | |
| 8 | 有轴封螺栓的阀门则先拆卸轴封螺栓，抽出销轴，取出阀板；销轴为内挂式的则直接拆卸销轴，取出阀板 | 测绘阀瓣摇臂在耳轴上各间隙尺寸 | 塞尺，钢板尺 | 塞尺和钢板尺的正确使用及测量位置 | |
| 9 | 用防异物罩布或其他材料包扎管口法兰，必要时贴上封条 | 使用正确的材料和包扎方法进行防异物 | 塑料布、白布、盲板等 | 包扎结实、整齐 | |

## 2.2　操作实施 2

解体阀门零部件的检查清洗见表 2-2。

表 2-2 解体阀门零部件的检查清洗

| 序号 | 操作步骤 | 操作要求 | 工器具 | 测评标准 | 备注 |
|---|---|---|---|---|---|
| 1 | 检查阀体表面有无裂纹、腐蚀 | | | | 目视检查 |
| 2 | 检查各紧固件有无翻牙、烂牙、毛刺等损坏缺陷，必要时更换 | 每一刻螺栓进行检查 | | 无翻牙、烂牙、毛刺等损坏缺陷 | |
| 3 | 检查阀座、阀芯密封面接触均匀连续无斑痕、划痕、吹损 | | | | |
| 4 | 检查销轴、销轴孔，是否腐蚀、变形，检查其配合间隙是否均匀、转动灵活 | 检查轴孔配合间隙 | 塞尺，游标卡尺 | 正确使用量具，知晓测量位置 | |
| 5 | 清洗所有解体后的阀门零部件 | | | | |
| 6 | 检查阀门密封面接触情况，对密封面进行色印试验，色印应清晰、连续、均匀 | 蓝油用布薄薄均匀涂抹在阀瓣密封面上 | 材料：蓝油 | 色印检查方法正确 | |

## 2.3 操作实施 3

阀门回装操作见表 2-3。

表 2-3 阀门回装

| 序号 | 操作步骤 | 操作要求 | 工器具 | 测评标准 | 备注 |
|---|---|---|---|---|---|
| 1 | 组装阀芯和摇臂，拧紧摇臂锁紧螺母 | 装配正确 | 开口扳手，梅花扳手 | 装配步骤方法正确 | |
| 2 | 安装轴连接阀板，有轴封，安装轴封侧垫片与螺栓 | 装配正确 | 开口扳手，梅花扳手 | 装配步骤方法正确 | |
| 3 | 安装中法兰垫片，安装中法兰螺栓 | | | | |
| 4 | 依次紧固中法兰螺栓，应按垫片的压缩量来紧固法兰螺栓(金属缠绕垫的压缩量为 20%～30%) | 旋紧法兰连接螺栓分三次压紧，垫片总压缩量的 30%、30%、40%，正确的螺栓旋紧顺序 | 梅花扳手，开口扳手 | 根据金属缠绕垫片的厚度，计算压缩量，分三次旋紧，螺栓旋紧掌握对角十字依次旋紧，旋紧后法兰四个位置测量不得超过 0.2 mm | |
| 5 | 测量检查中法兰间隙、进出口法兰间隙和轴封密封间隙 | 测量准确 | 塞尺，游标卡尺 | 正确使用量具 | |

检修完成后，对所检修的阀门进行密封性试验(阀门公称压力的 1.1 倍进行水压试验)。注：阀门检修中如进行密封性试验可不进行色印检查，本教材涉及了色印检查和密封性试验是处于让学员了解更多的检修知识。

# 第三章　故障检查和处理

## 3.1　常见故障现象和判断方法检查和处理

常见故障现象和判断方法检查和处理见表 3-1。

表 3-1　常见故障现象和判断方法检查和处理

| 序号 | 故障现象 | 判断方法 | 故障原因分析 | 故障排除方法 |
|---|---|---|---|---|
| 1 | 阀体渗漏 | 目测检查 | 阀体的坯件有砂眼、夹层、裂纹 | 一般的阀门可做更换处理;重要的阀门可采用补焊的办法进行修复 |
| 2 | 阀体与阀盖之间的结合面渗漏 | 目视检查 | 螺栓的紧力不够或螺栓滑丝或已断;结合面的垫片损坏;结合面不平 | 在隔离安措后对损坏密封件进行更换或修复法兰密封面 |
| 3 | 阀门关闭不严(内漏) | 根据系统运行情况判断 | 阀门没有真正关严;阀瓣与阀座的密封面没有研磨好或受损;阀体内有异物,阀芯下落后不能到位 | 解体研磨密封面。进行密封性试验或在线检修后进行色印检查。调整摇臂在轴上的位置,确定阀瓣与阀座密封副完全处于正确位置 |

## 3.2　特殊故障现象和判断方法

旋启式止回阀根据不同的系统使用工况会出现不同的缺陷。

1）秦山地区由于海水含沙量较大,冲刷和腐蚀较为严重,具体缺陷表现为阀门回座后密封失效。运行中较常见到的就是海水泵出口止回阀,停泵后出现倒转现象。

2）在蒸汽系统中的止回阀会出现止回阀失效,并能听到阀门发出金属碰撞声音。

## 3.3　特殊故障原因分析和故障排除方法

1）海水腐蚀可以导致止回阀阀瓣出现蚀点和局部金属组织疏松,这些缺陷影响到密封副时,阀门密封失效,还有阀瓣摇臂孔与轴之间腐蚀加磨损,出现孔轴间隙加大,阀瓣密封面与阀座密封面错位,密封失效。出现此类缺陷通常没有修复的必要性。采取更换新阀门。

2）止回阀在蒸汽系统中阀瓣受蒸汽冲击,出现震颤,阀瓣与摇臂连接螺母在震颤的作用下出现阀瓣与摇臂间连接螺母焊接脱焊或销钉脱落,螺母松脱,阀瓣从摇臂上脱落。从而丧失密封性。解决这种缺陷只有进行阀门解体,将阀瓣与摇臂连接后加固焊点或者使用强度较高的开口销。

# 第四章　操作结束

1. 清理现场

工作结束后，做到工完料尽场地清，对检修后的物资设备进行分类。工具整理并与工具清单进行对比，确保工具无缺失，并检查工具的可用性，记录损坏情况并汇报。对更换的领料物资与领料单进行核实，确保所有可更换的物资已更换。对更换下来的设备零部件进行后续处理，修复或者直接报废。清理工作过程中的耗材，进行分类处理，放置到对应的塑料袋中。清理现场的塑料布、橡胶板，必要时用白布清理现场。

2. 工后会

工后会是对整个工作的过程的回顾以及必要的经验反馈

回顾工作过程：工作许可证已归还，场地已清理，设备标牌完好，对检修任务进行评价，是否达到预期的目的，试验设备与工器具已经归还。

工作后的经验反馈是对以后同类型的阀门工作的经验积累，以提高工作的检修技能，能够更好地完成检修工作，其主要有以下内容：

1）检修工作是否安排合理；

2）检修工作人员是否配备充足；

3）工作文件是否存在问题；

4）工作人员的检修技能是否满足要求；

5）检查过程中的异常；

6）检修工作的经验总结。

3. 检修收获

认识旋启式止回阀的所有零部件，了解阀门解体的每一步工序，能够对配合件的间隙测绘有所知晓，懂得阀门检修后的验收。清楚检修程序。对阀门的工作原理是否有了更加直观的认识。

# 第五章　经验反馈

**案例一　4号循环冷却水泵出口止回阀阀瓣脱落**

秦一厂 320 MW 机组。2015 年 9 月 25 日运行发现 4 号循环冷却水泵出口止回阀关不严，检修人员解体发现，阀门阀瓣与摇臂之间销子上的开口销被水充走，导致阀瓣掉落，从而发生泵倒转现象，且摇臂组件磨损严重，汇报班组填写质量缺陷单 QDR，更换摇臂。联系研磨人员对阀座进行研磨，合格后，做蓝油试验合格，清理阀腔，检查无异常，组装阀门，更换法兰垫片，均匀紧固中法兰螺栓，清扫现场，工作结束。

**案例二　2号循环冷却水泵出口止回阀内漏**

秦一厂 320 MW 机组。2015 年 8 月 4 日运行发现 2 号循环冷却水泵出口止回阀内漏，检修人员解体后发现，止回阀阀门组件摇臂孔已磨损非常严重，导致阀芯整体下沉未形成完整的密封副且与阀座刮碰，导致阀芯无法回座产生内漏。

# 第六章 习 题

## 6.1 理论题

### 6.1.1 判断题

1. 旋启式止回阀的驱动装置是系统介质。(×)
2. 旋启式止回阀优点是结构简单、响应快速,系统压力越高,密封性越好。(√)
3. 旋启式止回阀因为无驱动装置,所以无法进行密封性试验。(×)
4. 利用系统自身压力差进行启闭的阀门叫旋启式止回阀。(×)
5. 旋启式止回阀在系统中不可作为安措隔离阀门。(√)

### 6.1.2 选择题

1. 哪个部件不是旋启式止回阀的(C)。

A. 摇臂　B. 阀瓣　C. 阀杆　D. 阀盖

2. 旋启式止回阀内漏的原因(B)。

A. 密封面损坏　B. 驱动机构关闭力不够

C. 有异物　D. 密封副结合位置偏移

3. 旋启式止回阀在线解体后必须进行(D)。

A. 密封性试验　B. 阀瓣渗透检查

C. 阀座渗透检查　D. 色印检查

4. 旋启式止回功能是(A)。

A. 自动开闭　B. 调节流量

C. 调节压力　D. 调节温度

5. 旋启式止回阀的特性是(B)。

A. 流阻大　B. 流阻小

C. 驱动力大　D. 结构复杂

### 6.1.3 问答题

旋启式止回阀的结构及其工作原理?

答:旋启式止回阀的阀体内有一个垂直于管道轴又略倾斜的阀座,一个平盘形阀瓣顶靠在阀座上,并按流体流动方向绕连接轴摆动,阀瓣的转动轴位于阀瓣的重心上方。流体正向流动时,其推力作用在阀瓣上,使其保持向上打开的状态,处于开启位置;流体反向,阀瓣落下,在反向推力作用下,其阀瓣贴合在阀体内的阀座密封面上,阀门关闭。

## 6.2　实操题

**鉴定点:旋启式止回阀解体检查**

**试题 1:旋启式止回阀解体检查**

1. 准备要求

考场准备:

(1) 试题名称:旋启式止回阀解体检查

(2) 本题分值:20

(3) 考核时间:40 min

(4) 考核形式:实操

(5) 设备设施准备

| 序号 | 名称 | 规格 | 单位 | 数量 | 备注 |
|---|---|---|---|---|---|
| 1 | 模拟体 | H44H-25　DN200 | 台 | 1 | |

考生准备:

(1) 试题名称:旋启式止回阀解体检查

(2) 本题分值:20

(3) 考核时间:40 min

(4) 考核形式:实操

(5) 工具及其他准备

| 序号 | 名称 | 规格 | 单位 | 数量 | 备注 |
|---|---|---|---|---|---|
| 1 | 开口或梅花扳手 | 学员根据模拟体自行准备 | 套 | 1 | 解体用工具 |
| 2 | 一字螺丝刀 | 学员根据模拟体自行准备 | 把 | 1 | 解体用工具 |
| 3 | 铜棒 | 学员根据模拟体自行准备 | 根 | 1 | 解体用工具 |
| 4 | 手锤 | 学员根据模拟体自行准备 | 把 | 1 | 解体用工具 |
| 5 | 铲刀 | 学员根据模拟体自行准备 | 把 | 1 | 清理法兰垫片 |
| 6 | 蓝油 | 学员准备 | 瓶 | 1 | 色印检查 |
| 7 | 擦拭纸 | 学员准备 | 张 | 5 | 色印检查、清洗部件 |
| 8 | 塞尺 | 学员准备 | 把 | 1 | 测量 |
| 9 | 游标卡尺 | 学员准备 | 把 | 1 | 测量 |

2. 考核要求

(1) 本题分值:20

（2）考核时间：40 min

（3）考核形式：实操

（4）具体考核要求：根据解体阀体，熟悉其关键点，阀门解体需标记位置，解体过程大致步骤

（5）否定项说明：否定项在配分与评定标准表格中具体描述

3. 配分与评分标准

| 序号 | 考核内容 | 考核要点 | 配分 | 评分标准 | 扣分 | 得分 |
|---|---|---|---|---|---|---|
| 1 | 阀门解体前准备 | 确定阀门阀体解体前的准备工作是否充分 | 4 | 1. 现场准备不符合要求扣 2 分<br>2. 未模拟检查隔离状态扣 1 分<br>3. 工前会未开扣 2 分 | | |
| 2 | 阀门解体 | 解体前，解体过程中的测绘及解体后防异物 | 4 | 1. 中法兰间隙测绘扣 2 分<br>2. 未进行轴孔间隙测绘扣 2 分<br>3. 防异物未进行或不符要求扣 2 分 | | |
| 3 | 阀门清洗检查 | 检查各部件有无损坏，色印检查 | 4 | 1. 未清洗检查各部件扣 2 分<br>2. 未进行色印检查扣 2 分 | | |
| 4 | 阀门回装 | 回装前异物检查和法兰间隙测量 | 4 | 1. 未进行回装前异物检查扣 2 分<br>2. 未进行法兰间隙测量或测量不符合要求扣 2 分<br>3. 螺栓旋紧对角顺序错误扣 2 分 | | |
| 5 | 阀门解体检查完成 | 现场清理工后会 | 4 | 1. 未清理干净现场扣 2 分<br>2. 未开工后会扣 2 分 | | |

否定项：1. 解体检查过程中密封面受伤；

2. 回装完成后阀门内有异物

备注：实操共分五项，共计 20 分。每项总分 4 分，扣分满 4 分或高于 4 分，这一项不得分。

评分人：　　年　　月　　日　　　　　　　　　　核分人：　　年　　月　　日

# 第二部分　球阀维修

## 第一章　操作准备

### 1.1　原理描述

#### 1.1.1　球阀原理

球阀是由旋塞阀演变而来，它的启闭件（阀堵）为一个球体，球体为两个半球，阀杆为旋转轴，利用球体绕阀杆的轴线旋转 90°试验开启和关闭的目的。球阀在管道上主要用于切断流体，设计成 V 形开口的球阀还具有良好的流量调节功能。

球阀不仅结构简单、密封性好，而且在一定的公称通径范围内体积较小、质量轻、材料消耗少、安装尺寸小，并且驱动力矩小、操作简便、开关迅速，是近十年来发展最快的阀门种类之一。

#### 1.1.2　球阀结构

如图 1-1 所示，球阀主要由球体、阀轴、手柄、填料、密封圈等组成。实物照片见图 1-2。

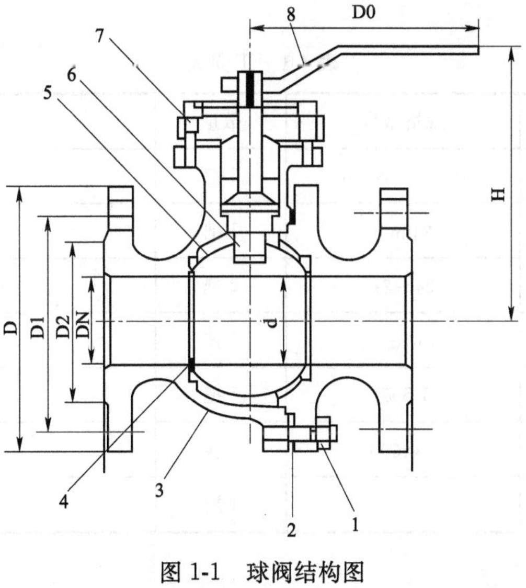


图 1-1　球阀结构图

1—螺母；2—螺栓；3—阀体；4—阀座；5—球体；6—阀杆；7—螺栓；8—扳手

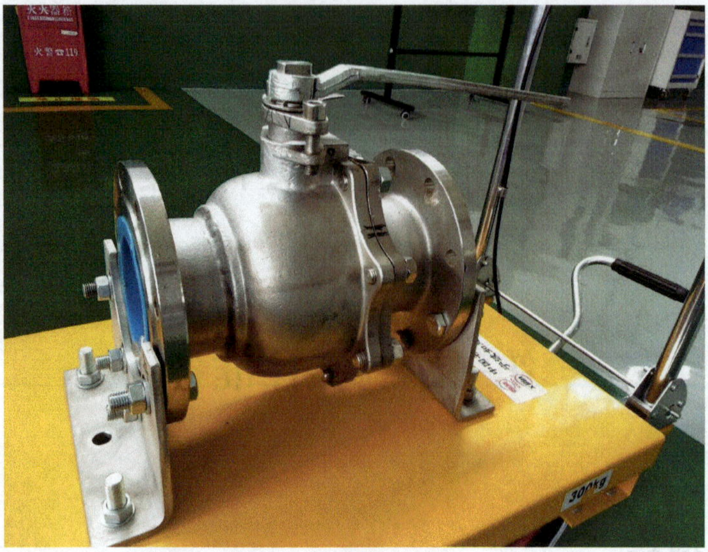

图 1-2 球阀实物图

## 1.2 文件准备

球阀技能培训完全模拟现场工作，具有完整的工作包，包括工作指令单，质量计划、风险分析、领料、隔离指令等，规程使用为 M/MM/X/XSL/XVX/043《上海良工 Q41F DN50 球阀全面解体检查》，工前会、工后会、设备信息收集单等。

## 1.3 工器具准备

工器具见表 1-1。

表 1-1 工器具

| 工器具名称 | 规格型号 | 数量 | 用途 |
|---|---|---|---|
| 力矩扳手 | 40～200 N·m | 1 把 | 进出口法兰螺母 |
| 套筒 | 24 mm | 1 把 | 进出口法兰螺母 |
| 梅花扳手 | 24～27 | 2 把 | 进出口法兰螺母 |
| 螺丝刀 | 150 mm | 1 把 | |
| 手锤 | 1.5 磅 | 1 把 | |
| 铜棒 | $\phi$16×400 mm | 1 根 | |
| 填料取出器 | | 1 把 | 填料取出 |

## 1.4 模拟体准备

培训楼模拟体，模拟体处于可用状态。检查模拟体是否有损坏，核实可否正常动作，以确保教学过程的顺利实施。

## 1.5 辐射防护准备

培训中心模拟体无辐射风险，教学过程中需要模拟实施辐射防护，需要说明在现场实际工作中所要采取的防护措施。根据不同的辐射水平，所采取的辐射防护措施也有所不同，具体依照现场工作环境而确定，辐射防护的措施一般有以下内容：

1）穿戴辐射防护用品，如乳胶手套、口罩、纸衣等；

2）工作人员佩戴剂量率仪表，控制作业时间，做好防异物措施；

3）涉及零部件的运出，需要及时办理许可证。

## 1.6 工业安全准备

按照工业安全规定执行，所有人员穿戴劳动保护用品。具体的工业安全准备需根据现场环境而确定，但基本的工业安全需要准备。所有人员必须佩戴安全帽、防砸鞋、工作服、手套等。检修场地使用警示带进行围栏，确保工作过程中无非工作人员进入。

## 1.7 配合人员准备

无。

## 1.8 场地准备

现场铺设白布用于摆放工器具；铺设橡胶板用于零部件；清理场地，确保检修场地无其他异物；合理分配场地，确保工具、设备的合理分布，方便检修；在场地外围布置警示带。

# 第二章　操作实施

## 2.1　操作实施1　球阀解体

球阀解体操作见表2-1。

表 2-1　球阀解体操作

| 序号 | 操作步骤 | 操作要求 | 工器具 | 测评标准 | 备注 |
|---|---|---|---|---|---|
| 1 | 设备隔离,介质排空 | 此步骤为现场实施,模拟体模拟实施 | | 模拟体检查 | |
| 2 | 布置工作场地,将阀门置于开位置 | 确认阀门状态处于开启位置 | 阀门手柄 | 阀门开启 | |
| 3 | 阀盖、阀体连接处标记 | 用记号笔在分离处标记,便于回装 | 记号笔 | 标记准确,便于识别 | |
| 4 | 拆除手柄 | 拆除卡簧,取下手柄 | 卡簧钳 | 卡簧无损坏取下,手柄取下 | |
| 5 | 取下定位块 | 平稳取下定位块 | | 定位块完好 | |
| 6 | 拆除螺钉及压板 | 使用内六角扳手拆除螺钉,取下压板 | 内六角扳手10号 | 螺钉对称平稳取下 | |
| 7 | 取下阀杆、填料组件 | 平稳取下阀杆放置于检修场地,取出填料 | | 取出阀杆时平稳,无损伤 | |
| 8 | 拆除阀体螺栓,取下阀体组件 | 拆除阀体的螺栓,整体取下阀体、阀座、球体组件 | 两用扳手24号 | 防止阀体组件掉落 | |
| 9 | 封堵开口 | 将管道的开口进行封堵 | | 封堵合格 | |
| 10 | 分离组件 | 放置在橡胶保护垫上分离 | | 阀体、球体、阀座无损坏 | |

## 2.2　操作实施2　清洗及认知零部件

清洗及认知零部件见表2-2。

表 2-2　清洗及认知零部件

| 序号 | 操作步骤 | 操作要求 | 工器具 | 测评标准 | 备注 |
|---|---|---|---|---|---|
| 1 | 清洗球体、阀座、阀体 | 使用清洗剂、白布进行清洗 | 清洗剂、白布 | 清洗干净 | |
| 2 | 螺栓、螺钉等紧固件清洗 | 使用清洗剂、白布进行清洗 | 清洗剂、白布 | 清洗干净 | |
| 3 | 检查阀座质量 | 检查阀座是否有划痕等缺陷 | 目视 | 准确判断缺陷 | |
| 4 | 检查球体质量 | 检查球体是否有划痕等缺陷 | 目视 | 准确判断缺陷 | |
| 5 | 检查阀轴质量 | 检查阀轴是否完全、划痕等缺陷 | 目视 | 准确判断缺陷 | |

## 2.3　操作实施 3　球阀回装

球阀回装见表 2-3。

表 2-3　球阀回装

| 序号 | 操作步骤 | 操作要求 | 工器具 | 测评标准 | 备注 |
|---|---|---|---|---|---|
| 1 | 阀内腔检查 | 检查阀内腔是否有异物 | 目视 | 阀内腔无异物 | |
| 2 | 球体、阀座装入阀体 | 将球体装入阀体、再安装阀座，球阀保持与开启位置 | | 保证组件平稳装入 | |
| 3 | 装入填料，阀轴 | 装入填料，再装入阀轴，阀轴与球体凹槽相配合 | | 平稳装入填料，阀轴安装到位 | |
| 4 | 阀体组件装入阀体连接部件 | 按照标记将阀体组件装入阀体连接部件，并紧固螺栓，力矩分 3 次分成，分别为力矩值的 30%，60%和 100% | 两用扳手 24 号，力矩扳手 | 防止组件掉落，均匀对此紧固螺栓 | |
| 5 | 装入压板，并紧固螺栓 | 平稳装入压板，并紧固螺栓 | 内六角 10 号 | 螺栓对此均匀紧固 | |
| 6 | 装入定位块、手柄、卡簧 | 依次装入定位块，手柄，卡簧 | 卡簧钳 | 定位块、手柄位置安装准确 | |
| 7 | 手动关闭、开启阀门 | 使用手柄，关闭与开启阀门 | 阀门手柄 | 阀门可以开启与关闭，无卡涩 | |

## 2.4　操作实施 4　清理现场

清理现场见表 2-4。

表 2-4 清理现场

| 序号 | 操作步骤 | 操作要求 | 工器具 | 测评标准 | 备注 |
|---|---|---|---|---|---|
| 1 | 清理现场 | 清理设备表面,清理检修设备附近区域的异物 | | 检修设备无异物 | |
| 2 | 做到工完料尽场地清 | 清理检修完成后的零部件、材料等 | | 无零部件、材料遗漏 | |
| 3 | 整理工具 | 整理工具与原始工具清单对比 | | 工具无缺失 | |

## 2.5 实施中需要特别注意的几个关键点

1) 阀门解体前,阀门处于开启状态;
2) 拆除阀体组件时,防止组件掉落;
3) 注意检查阀门零部件的质量。

# 第三章　故障检查和处理

## 3.1　常见故障现象和判断方法检查和处理

常见故障现象和判断方法检查和处理见表 3-1。

**表 3-1　常见故障现象和判断方法检查和处理**

| 序号 | 故障现象 | 判断方法 | 故障原因分析 | 故障排除方法 |
| --- | --- | --- | --- | --- |
| 1 | 阀轴转动不灵活 | 转动阀轴吃力 | 球体与密封圈处有异物 | 消除异物 |
| 2 | 填料处漏水 | 填料处有水漏出 | 填料失效 | 更换填料 |

## 3.2　常见故障原因分析和故障排除方法

常见故障原因分析和故障排除方法见表 3-2。

**表 3-2　常见故障原因分析和故障排除方法**

| 序号 | 故障原因分析 | 故障排除方法 |
| --- | --- | --- |
| 1 | 球体与密封圈处有异物 | 消除异物 |
| 2 | 填料失效 | 更换填料 |

## 3.3　特殊故障现象和判断方法

特殊故障现象和判断方法见表 3-3。

**表 3-3　特殊故障现象和判断方法**

| 序号 | 故障现象 | 判断方法 | 故障原因分析 | 故障排除方法 |
| --- | --- | --- | --- | --- |
| 1 | 阀门内漏 | 关闭阀门后，阀门后还有流量 | 密封圈失效 | 更换密封圈 |

## 3.4 特殊故障原因分析和故障排除方法

特殊故障原因分析和故障排除方法见表 3-4。

**表 3-4 特殊故障原因分析和故障排除方法**

| 序号 | 故障原因分析 | 故障排除方法 |
|---|---|---|
| 1 | 密封圈失效 | 更换密封圈 |

# 第四章 操作结束

## 4.1 解体后验证

解体完成后检查零部件与备件是否有所缺失,手动关闭与开启阀门,验证阀门无卡涩。

## 4.2 总结培训过程

阀门解体前,熟悉阀门的工作原理与结构,核实所需工具与备件。解体阀门时,需先拆除手柄等上部手动操作结构以及定位块等部件,再整体拆除阀体的连接螺栓,整个阀体组件取下,注意掉落。拆除完成后,分离各个零部件,检查并清洗各个零部件与紧固件,确认各个部件无问题后,进行回装。

## 4.3 评判

学员对解体过程进行阐述,并说明其中的关键点以及注意事项。教员对学员的陈述简要记录,根据阐述评判学员的掌握情况。教员指出学员阐述过程中的错误以及需要注意的事项,并且依据评判表,对学员的学习情况做出整体评判。

## 4.4 清理现场

工作结束后,做到工完料尽场地清。工具整理并与工具清单进行对比,确保工具无缺失,并检查工具的可用性,记录损坏情况并汇报。对更换的领料物资与领料单进行核实,确保所有可更换的物资已更换。清理工作过程中的耗材,进行分类处理,放置到对应的塑料袋中。清理现场的塑料布、橡胶板,必要时用白布清理现场。

## 4.5 工后会

工后会是对整个工作的过程的回顾以及必要的经验反馈。

回顾工作过程:场地已清理,设备标牌完好,工作许可证已归还,对检修任务进行评价,是否达到预期的目的,试验设备与工器具已经归还。

工作后的经验反馈是对以后同类型的阀门工作的经验积累,以提高工作的检修技能,能够更好的完成检修工作。

# 第五章 经验反馈

1. 备件型号不符导致球阀检修质量不合格(经验反馈 1)

2014年5月1日,运行人员发现该阀不能关闭到位,请检查处理。机械人员核实现场后,准备工作文件,待取到工作许可证后,解体阀门。

领取工作票,与运行人员交流信息,验证工作地点及隔离边界,拆卸螺栓,将阀盖与阀内件取出放到检修区域,对开口进行封堵,解体阀门更换备件,发现新阀座厚度与旧阀座厚度大 3.5 mm,经 QC 同意机加车削阀座至合适尺寸,检查密封面经 QC 验证合格,回装阀门,力矩均匀紧固螺栓,检查无异常,工作结束,清理现场,归还工作票。

根据此次检修经验,故在每次检修前测量阀座备件的厚度是否一致,将来与更换下来的部件进行对比,做好工作前的准备工作。

2. 球阀解体时工作人员烫伤(经验反馈 2)

2018 年 4 月 24 日 15 时 30 分左右,中核检修作业人员在 1 号机组 NB385 房间实施 9REA178VB 阀门解体工作,取出阀门球体时,从管内喷出一股硼水(约 45%浓度,压力约 0.06 MPa,水量约 14 L),造成作业人员右侧胳膊、腰部及大腿等处被烫伤,班组人员随后将受伤者送医院进行治疗,初步诊断为二度烫伤,构成一起轻伤事件。

直接原因:1) 阀门拆除球地管道内遗留的硼水因重力外喷而淋湿检修人员。

2) 阀门上游管道外有硼伴热系统且始终投运,造成 30～50 ℃的硼水淋至工作人员身上。

根本原因:1) 运行部门、维修部门、检修人员对通过阀门解体过程中疏水的方式风险分析不到位。

2) 运行部门未将管道内存在热水的风险有效地传递至维修部门及现场检修人员。

历史回顾:2017 年 8 月 6 日,方家山 2 号机组更换 2APA102FI(主给水泵跨接管滤网)作业过程中,工作人员在拆除旧滤网后,过了约半个小时左右,从系统开口处突然有一股热水涌出,导致附近正在清理法兰上残留密封垫的 2 名工作人员脚部受伤。其中 1 人伤势较轻,经门诊治疗后出院,另外 1 人为二度烫伤,认定为轻伤。

后续措施:各电厂分析类似情况下的疏排水措施是否得当,防跑水要求是否明确。各电厂厂长牵头,各运行处组织落实。

# 第六章　习　题

## 6.1　选择题

1. 此次培训用的球阀的驱动方式为(A)。
A. 手动　　B. 气动　　C. 电动
2. 阀门的密封主要是由球体与(B)完成。
A. 阀体　　B. 阀座　　C. 阀轴
3. 球阀解体时,整体拆卸的为(C)组件。
A. 手柄　　B. 阀轴　　C. 阀体

## 6.2　判断题

1. 球阀解体前阀门需保持关闭。(√)
2. 球阀回装前,需检查阀内腔是否有异物。(√)
3. 球阀解体后,球体无须清洗。(×)

## 6.3　简答题

球阀的组成结构

答:球阀主要由阀体、球体、密封圈、阀轴、填料、手柄和限位组成。

## 6.4　实操题

**鉴定点:球阀阀体解体**

**试题 1:球阀阀体解体**

1. 准备要求

考场准备:

(1) 试题名称:球阀阀体解体
(2) 本题分值:15
(3) 考核时间:40 min
(4) 考核形式:实操
(5) 设备设施准备

| 序号 | 名称 | 规格 | 单位 | 数量 | 备注 |
|---|---|---|---|---|---|
| 1 | 模拟体 | | 台 | 1 | 教学用模拟体一台 |

考生准备：

(1) 试题名称：球阀阀体解体

(2) 本题分值：15

(3) 考核时间：40 min

(4) 考核形式：实操

(5) 工具及其他准备

| 序号 | 名称 | 规格 | 单位 | 数量 | 备注 |
|---|---|---|---|---|---|
| 1 | 两用扳手 | 24 号 | 把 | 1 | |
| 2 | 外卡簧钳 | | 把 | 1 | |
| 3 | 两用扳手 | 24 号 | 把 | 2 | |
| 4 | 两用扳手 | 27 号 | 把 | 2 | |
| 5 | 内六角扳手 | 10 号 | 把 | 1 | |
| 6 | 力矩扳手 | 50～250 N·m | 把 | 1 | |

2. 考核要求

(1) 本题分值：15

(2) 考核时间：40 min

(3) 考核形式：实操

(4) 具体考核要求：根据解体阀体，熟悉其关键点，球阀解体需标记位置，解体过程大致步骤

(5) 否定项说明：起吊过程中，设备掉落。

3. 配分与评分标准

| 序号 | 考核内容 | 考核要点 | 配分 | 评分标准 | 扣分 | 得分 |
|---|---|---|---|---|---|---|
| 1 | 球阀解体前准备 | 确定球阀解体前的准备工作是否充分 | 3 | 1. 未模拟检查隔离状态扣 1 分<br>2. 未检查球阀初始状态扣 2 分 | | |
| 2 | 球阀解体步骤 | 是否了解球阀解体的过程 | 4 | 1. 阀门拆卸步骤错误扣 2 分<br>2. 造成零部件损坏扣 2 分 | | |
| 3 | 零部件清洗 | 了解需要清洗的球阀零部件 | 2 | 未说明所有需清洗的零部件扣 2 分 | | |
| 4 | 球阀回装前检查 | 回装前需要注意的事项 | 3 | 1. 未说明零部件完好或已修复、更换，扣 1 分<br>2. 未检查阀内腔清洁度扣 2 分 | | |
| 5 | 球阀回装螺栓紧固 | 球阀回装时螺栓紧固的注意事项 | 3 | 1. 未对此均匀紧固扣 2 分<br>2. 未说明力矩紧固扣 1 分 | | |
| 否定项：起吊过程中，设备掉落。 | | | | | | |

评分人：　　年　　月　　日　　　　　　　　　　　　核分人：　　年　　月　　日

# 第三部分 隔膜阀维修

## 第一章 操作准备

### 1.1 原理描述

#### 1.1.1 隔膜阀原理

隔膜阀是在阀体与阀盖之间装有一挠性隔膜片,其关闭件是与隔膜片相连接的压缩装置。阀座有堰形与直通式,膜片上边中间突出部分与阀杆固定,阀体内衬有橡胶,闭合时的密封,由阀杆推动隔膜片贴合在堰形或直通流道的衬胶阀座上来实现。由于介质不进入阀盖内腔,因此阀杆无需用填料函密封,所以隔膜阀也是无填料密封阀。

#### 1.1.2 隔膜阀结构

隔膜阀结构和实物图见图 1-1 和图 1-2。

### 1.2 文件准备

隔膜阀技能培训完全模拟现场工作,具有完整的工作包,包括工作指令单,质量计划、风险分析、领料、隔离指令等,规程使用为 M/MM/X/XSW/XVX/070 上阀五厂 MACFSH DN100 隔膜阀全面解体检查,工前会、工后会、设备信息收集单等。

### 1.3 工器具准备

工器具见表 1-1。

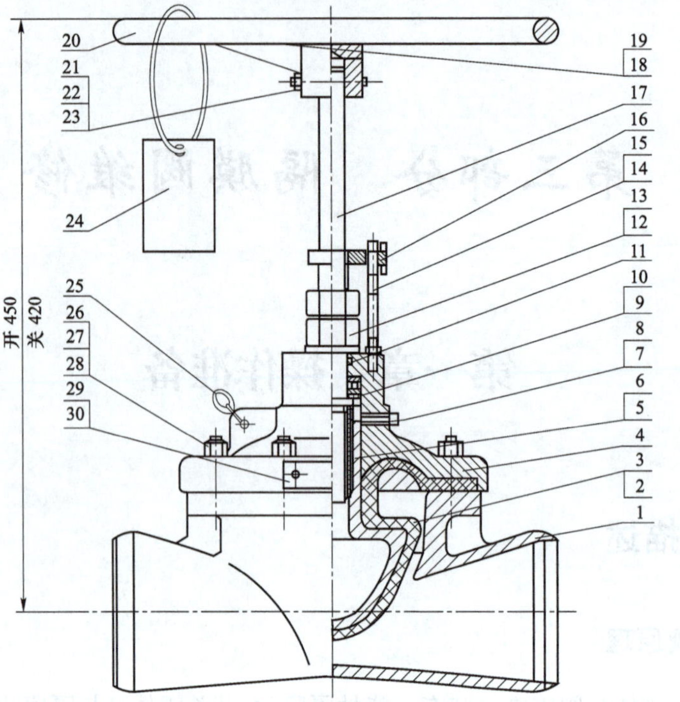


图 1-1 隔膜阀结构图

1—阀体；2—膜头；3—阀瓣；4—阀盖；5—阀杆螺母；6—螺钉 M5×8；7—螺钉 M6×12；8—O 型密封圈 9×1.9；9—垫圈；10—单向推力球轴承 8105；11—O 型密封圈 31×3.5；12—螺母 M24；13—垫圈；14—指示杆；15—螺母 M8；16—指示块；17—阀杆；18—开关指示牌；19—铆钉 2×5；20—手轮；21—螺纹圆锥销；22—螺母 M6；23—垫圈；24—阀门标牌；25—小链条；26—螺柱 M10×35；27—垫圈；28—螺母 M10；29—产品标牌；30—铆钉 2×5

图 1-2 隔膜阀实物图

表 1-1　工器具

| 工具名称 | 规格 | 数量 |
| --- | --- | --- |
| 销子冲 | | 1 |
| 两用扳手 | 16# | 2 |
| 两用扳手 | 36# | 2 |
| 内六角扳手 | 5# | 1 |

## 1.4　模拟体准备

培训楼模拟体,模拟体处于可用状态。检查模拟体是否有损坏,核实可否正常动作,以确保教学过程的顺利实施。

## 1.5　辐射防护准备

培训楼模拟体无辐射风险,教学过程中需要模拟实施辐射防护,需要说明在现场实际工作中所要采取的防护措施。根据不同的辐射水平,所采取的辐射防护措施也有所不同,具体依照现场工作环境而确定,辐射防护的措施一般有以下内容:

1）穿戴辐射防护用品,如乳胶手套、口罩、纸衣等;

2）工作人员佩戴剂量率仪表,控制作业时间,做好防异物措施;

3）涉及零部件的运出,需要及时办理许可证。

## 1.6　工业安全准备

按照工业安全规定执行,所有人员穿戴劳动保护用品。具体的工业安全准备需根据现场环境而确定,但基本的工业安全需要准备。所有人员必须佩戴安全帽、防砸鞋、工作服、手套等。检修场地使用警示带进行围栏,确保工作过程中无非工作人员进入。

## 1.7　配合人员准备

无。

## 1.8　场地准备

现场铺设白布用于摆放工器具;铺设橡胶板用于放置零部件;清理场地,确保检修场地无其他异物;合理分配场地,确保工具、设备的合理分布,方便检修;在场地外围布置警示带。

# 第二章　操作实施

## 2.1　操作实施 1　隔膜阀解体

隔膜阀解体操作过程见表 2-1。

表 2-1　隔膜阀解体

| 序号 | 操作步骤 | 操作要求 | 工器具 | 测评标准 | 备注 |
|---|---|---|---|---|---|
| 1 | 设备隔离,介质排空 | 此步骤为现场实施,模拟体模拟实施 | | 模拟体检查 | |
| 2 | 布置工作场地,将阀门置于半开位置 | 确认阀门状态处于半开启位置 | 阀门手轮 | 阀门半开启 | |
| 3 | 阀盖、阀体连接处标记 | 用记号笔在分离处标记,便于回装 | 记号笔 | 标记准确,便于识别 | |
| 4 | 拆除中法兰螺栓 | 对称拆除中法兰螺栓 | 两用扳手 16 号 | 对称拆除螺栓,无损坏 | |
| 5 | 取出阀盖组件 | 取出阀盖组件,平稳放置于检修垫 | | 平稳取出,无损坏 | |
| 6 | 标记指示杆位置 | 用记号笔标记指示杆位置 | 记号笔 | 记号清晰,已辨认 | |
| 7 | 取下指示杆 | 拧下指示杆 | | 指示杆无损坏 | |
| 8 | 取下膜头 | 顺时针旋转手轮,取下膜头 | | 防止阀体组件掉落 | |
| 9 | 取下手轮 | 取出销子后,取下手轮 | 销子冲 | 销子正确取下 | |
| 10 | 取下阀盖处螺钉 | 取下阀盖螺钉 | 内六角 5 号 | 平稳取下,无损伤 | |
| 11 | 取下阀杆锁紧螺母 | 拧松阀杆锁紧螺母并取下 | 两用扳手 36 | 从阀杆上取下螺母 | |
| 12 | 取出阀杆 | 从阀盖下部取出阀杆 | | 垂直平稳取出,阀杆无碰擦 | |
| 13 | 拧下阀杆螺母 | 从阀杆上拧下阀杆螺母 | | 平稳拧下,螺母无损坏 | |
| 14 | 取下垫圈与轴承 | 取下垫圈及单向推力球轴承 | | 顺利取下垫圈与轴承 | |
| 15 | 零部件放置于检修垫 | 将所有零部件放置于检修垫 | | 放置于检修垫 | |

## 2.2　操作实施 2　清洗及检查零部件

清洗及检查零部件见表 2-2。

表 2-2　清洗及检查零部件

| 序号 | 操作步骤 | 操作要求 | 工器具 | 测评标准 | 备注 |
|---|---|---|---|---|---|
| 1 | 清洗阀杆及各零部件 | 使用清洗剂、白布进行清洗 | 清洗剂、白布 | 清洗干净 | |
| 2 | 清洗阀体的内腔 | 使用清洗剂、白布进行清洗 | 清洗剂、白布 | 清洗干净 | |
| 3 | 检查膜头质量 | 检查膜头老化、损坏情况 | 目视 | 准确判断膜头是否有裂纹 | |
| 4 | 检查阀杆质量 | 检查阀杆光滑、弯曲情况 | 目视 | 准确判断阀杆有无完全，螺纹是否损坏 | |
| 5 | 检查阀盖、阀体质量 | 检查阀盖、阀体是否有裂纹、腐蚀等缺陷 | 目视 | 准确判断阀盖、阀体无划痕、裂纹 | |
| 6 | 检查阀杆螺母等紧固件 | 检查阀杆螺母等紧固件螺纹是否损坏 | 目视 | 准确判断阀杆螺母螺纹无损坏 | |

## 2.3　操作实施 3　隔膜阀回装

隔膜阀回装见表 2-3。

表 2-3　隔膜阀回装

| 序号 | 操作步骤 | 操作要求 | 工器具 | 测评标准 | 备注 |
|---|---|---|---|---|---|
| 1 | 阀内腔检查 | 检查阀内腔是否有异物 | 目视 | 阀内腔无异物 | |
| 2 | 阀体内装入 O 形圈、轴承 | 阀盖倒置，装入 O 形圈，轴承 | | 保证平稳装入 | |
| 3 | 装入阀杆螺母 | 装入阀杆螺母至阀体，阀杆螺母小孔与阀体小孔相对应 | | 无卡涩装入，小孔对准 | |
| 4 | 拧紧螺钉 | 在阀体小孔上拧紧螺钉，使阀杆螺母紧固 | 内六角 5 号 | 拧紧螺钉 | |
| 5 | 装入阀杆 | 阀杆从阀盖下部穿出，并旋转阀杆与阀杆螺母配合 | | 阀杆垂直装入，防止损坏 O 形圈 | |
| 6 | 拧紧阀杆锁紧螺母 | 阀杆锁紧螺母从阀杆上部穿入，并拧紧 | 两用扳手 36 号 | 锁紧螺母完好拧紧 | |
| 7 | 装入指示块、指示杆 | 依次回装指示块、指示杆 | | 按照标记位置回装 | |
| 8 | 回装手轮，并安装销子 | 回装手轮，销孔对准 | 销子冲 | 手柄、销子已回装，无松动 | |
| 9 | 回装膜头 | 将膜头旋入 | | 膜头已旋入到底 | |
| 10 | 旋转手轮，使膜头上升 | 逆时针旋转手轮，使膜头上升 | | 膜头已上升 | |
| 11 | 上部组件回装入阀体，并紧固中法兰螺栓 | 按照标记位置将上部组件缓缓装入阀体，安装中法兰螺栓，并紧固 | 两用扳手 16 号 | 上部组件已平稳装入 | |
| 12 | 手动关闭、开启阀门 | 使用手柄，关闭与开启阀门 | 阀门手柄 | 阀门可以开启与关闭，无卡涩 | |

## 2.4 操作实施 4 清理现场

清理现场见表 2-4。

表 2-4 清理现场

| 序号 | 操作步骤 | 操作要求 | 工器具 | 测评标准 | 备注 |
|---|---|---|---|---|---|
| 1 | 清理现场 | 清理设备表面,清理检修设备附近区域的异物 | | 检修设备无异物 | |
| 2 | 做到工完料尽场地清 | 清理检修完成后的零部件、材料等 | | 无零部件、材料遗漏 | |
| 3 | 整理工具 | 整理工具与原始工具清单对比 | | 工具无缺失 | |

## 2.5 实施中需要特别注意的几个关键点

1）阀门解体前,阀门处于半开启状态；

2）解体阀门时,零部件取出的顺序；

3）注意检查阀门零部件的缺陷。

# 第三章　故障检查和处理

## 3.1　常见故障现象和判断方法检查和处理

常见故障现象和判断方法检查和处理见表 3-1。

**表 3-1　常见故障现象和判断方法检查和处理**

| 序号 | 故障现象 | 判断方法 | 故障原因分析 | 故障排除方法 |
| --- | --- | --- | --- | --- |
| 1 | 手轮旋转不灵活 | 旋转手轮有卡涩 | 阀杆螺纹损伤 | 修复螺纹 |
| 2 | 阀体与阀盖处渗漏 | 中法兰有介质渗出 | 中法兰螺栓松动 | 紧固中法兰螺栓 |

## 3.2　常见故障原因分析和故障排除方法

常见故障原因分析和故障排除方法见表 3-2。

**表 3-2　常见故障原因分析和故障排除方法**

| 序号 | 故障原因分析 | 故障排除方法 |
| --- | --- | --- |
| 1 | 阀杆螺纹损伤 | 修复螺纹 |

## 3.3　特殊故障现象和判断方法

特殊故障现象和判断方法见表 3-3。

**表 3-3　特殊故障现象和判断方法**

| 序号 | 故障现象 | 判断方法 | 故障原因分析 | 故障排除方法 |
| --- | --- | --- | --- | --- |
| 1 | 密封面有渗漏 | 关闭隔膜阀后，阀后还有流量 | 密封面损伤 | 按照原曲面修复密封面 |

## 3.4　特殊故障原因分析和故障排除方法

特殊故障原因分析和故障排除方法见表 3-4。

表 3-4 特殊故障原因分析和故障排除方法

| 序号 | 故障原因分析 | 故障排除方法 |
| --- | --- | --- |
| 1 | 密封面损伤 | 按照原曲面修复密封面 |

# 第四章 操作结束

## 4.1 解体后验证

解体完成后检查零部件与备件是否有所缺失,手动关闭与开启阀门,验证阀门无卡涩。

## 4.2 总结培训过程

阀门解体前,熟悉阀门的工作原理与结构,核实所需工具与备件。解体阀门时,需要半开阀门,使膜头与阀盖之间受力较小,拆除阀盖,取下膜头后,拆除阀杆上部零部件,从阀盖下部取下阀杆,依次取下其余。拆除完成后,分离各个零部件,检查并清洗各个零部件与紧固件,确认各个部件无问题后,进行回装。

## 4.3 评判

学员对解体过程进行阐述,并说明其中的关键点以及注意事项。教员对学员的陈述简要记录,根据阐述评判学员的掌握情况。教员指出学员阐述过程中的错误以及需要注意的事项,并且依据评判表,对学员的学习情况做出整体评判。

## 4.4 清理现场

工作结束后,做到工完料尽场地清。工具整理并与工具清单进行对比,确保工具无缺失,并检查工具的可用性,记录损坏情况并汇报。对更换的领料物资与领料单进行核实,确保所有可更换的物资已更换。清理工作过程中的耗材,进行分类处理,放置到对应的塑料袋中。清理现场的塑料布,橡胶板,必要时用白布清理现场。

## 4.5 工后会

工后会是对整个工作的过程的回顾以及必要的经验反馈。

回顾工作过程:工作许可证已归还,场地已清理,设备标牌完好,对检修任务进行评价,是否达到预期的目的,试验设备与工器具已经归还。

工作后的经验反馈是对以后同类型的阀门工作的经验积累,以提高工作的检修技能,能够更好地完成检修工作。

# 第五章 经验反馈

2012 年 5 月 28 日,2TEP 198 VP 所在的取样管线堵塞,怀疑系 2TEP 198 VP 膜头损坏所致。机械人员核实现场后,准备工作文件,待取到工作许可证后,解体阀门。

取得工作许可票,与运行人员交流信息,验证工作点及设备隔离情况,现场验证设备标牌,布置检修场地,解体阀门,清洗检查,发现阀门膜头破裂堵塞在管线里面,清理管道里面的异物,其他无异常,更换膜头 O 形密封圈,回装阀门各零部件,回装阀门中法兰螺栓并均匀紧固力矩值 5 N · m,手动开关灵活,工作完毕,清理现场,还票。

故若隔膜阀内漏严重,可以首先考虑膜头是否损坏,且在更换膜头前检查膜头的是否有划痕等缺陷,确保备件合格。

# 第六章　习　题

## 6.1　选择题

1. 隔膜阀的结构中无以下(B)零部件。

A. 阀体　　B. 填料　　C. 膜头

2. 阀门的密封主要是由阀体与(C)完成。

A. 阀杆　　B. 阀盖　　C. 膜头

3. 隔膜阀解体前隔膜阀的膜头处于(C)。

A. 全关　　B. 半开　　C. 全开

## 6.2　判断题

1. 隔膜阀解体前隔膜阀需保持关闭。　(√)

2. 隔膜阀回装前,需检查阀内腔是否有异物。　(√)

3. 隔膜阀解体后,阀杆从阀盖上部取出。　(×)

## 6.3　简答题

隔膜阀的组成结构

答:隔膜阀是在阀体与阀盖之间装有一挠性隔膜片,其关闭件是与隔膜片相连接的压缩装置。

## 6.4　实操题

**鉴定点:隔膜阀解体**

**试题 1:隔膜阀解体**

1. 准备要求

考场准备:

(1) 试题名称:隔膜阀解体

(2) 本题分值:15

(3) 考核时间:40 min

(4) 考核形式:实操

(5) 设备设施准备

| 序号 | 名称 | 规格 | 单位 | 数量 | 备注 |
|---|---|---|---|---|---|
| 1 | 模拟体 | | 台 | 1 | 教学用模拟体一台,无密封焊 |

考生准备:

(1) 试题名称:隔膜阀解体

(2) 本题分值:15

(3) 考核时间:40 min

(4) 考核形式:实操

(5) 工具及其他准备

| 序号 | 名称 | 规格 | 单位 | 数量 | 备注 |
|---|---|---|---|---|---|
| 1 | 销子冲 | | 个 | 1 | |
| 2 | 两用扳手 | 16# | 把 | 2 | |
| 3 | 两用扳手 | 36# | 把 | 2 | |
| 4 | 内六角扳手 | 5# | 把 | 1 | |

2. 考核要求

(1) 本题分值:15

(2) 考核时间:40 min

(3) 考核形式:实操

(4) 具体考核要求:根据解体阀体,熟悉其关键点,隔膜阀解体需标记位置,解体过程大致步骤

(5) 否定项说明:漏装零部件

3. 配分与评分标准

| 序号 | 考核内容 | 考核要点 | 配分 | 评分标准 | 分 | 分 |
|---|---|---|---|---|---|---|
| 1 | 隔膜阀解体前准备 | 确定隔膜阀解体前的准备工作是否充分 | 3 | 1. 未模拟检查隔离状态扣 1 分<br>2. 未检查隔膜阀初始状态扣 2 分 | | |
| 2 | 隔膜阀解体步骤 | 是否了解隔膜阀解体的过程 | 4 | 1. 隔膜阀拆卸步骤错误扣 2 分<br>2. 造成零部件损坏扣 2 分 | | |
| 3 | 零部件清洗 | 了解需要清洗的隔膜阀零部件 | 2 | 未说明所有需清洗的零部件扣 2 分 | | |
| 4 | 隔膜阀回装前检查 | 回装前需要注意的事项 | 3 | 1. 未说明零部件完好或已修复、更换,扣 1 分<br>2. 未检查阀内腔清洁度扣 2 分 | | |
| 5 | 隔膜阀回装螺栓紧固 | 隔膜阀回装时螺栓紧固的注意事项 | 3 | 1. 未对此均匀紧固扣 2 分<br>2. 未说明力矩紧固扣 1 分 | | |
| 否定项:漏装零部件。 | | | | | | |

评分人: 年 月 日 核分人: 年 月 日

# 第四部分　安全阀维修

## 第一章　操作准备

### 1.1　原理描述

#### 1.1.1　安全阀原理

安全阀为超压保护装置，保护压力系统、受压容器以及设备安全运行，防止超压引起的事故及容器和设备的损坏。当压力升高超过允许值时，阀门自动开启，全量排放，避免压力继续升高，当压力下降到规定值时，阀门及时关闭，保持压力在额定范围内运行。安全阀常用于可压缩流体，如蒸汽、压缩空气以及其他气体，也用于不可压缩的流体如水等。

#### 1.1.2　安全阀结构

安全阀结构和实物图如图 1-1 和图 1-2。

### 1.2　文件准备

安全阀技能培训完全模拟现场工作，具有完整的工作包，包括工作指令单，质量计划、风险分析、领料、隔离指令等，规程使用为 M/MM/X/XSF/XVX/048 上阀 A41Y-16C DN32 安全阀全面解体检查及校验，工前会、工后会、设备信息收集单等。

### 1.3　工器具准备

工器具见表 1-1。

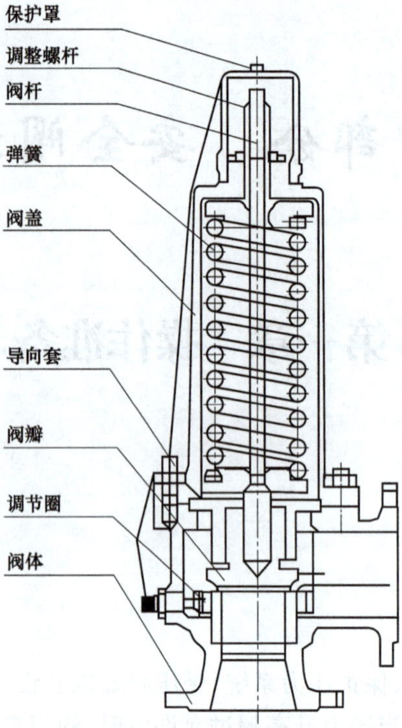


图 1-1　安全阀结构图

图 1-2　安全阀实物图

表 1-1　工器具

| 工具名称 | 规格 | 数量 |
|---|---|---|
| 游标卡尺 | 0～150 mm | 1 |
| 两用扳手 | 24# | 2 |
| 两用扳手 | 18 | 2 |
| 管钳 | 12″ | 1 |

## 1.4　模拟体准备

培训楼模拟体,模拟体处于可用状态。检查模拟体是否有损坏,核实可否正常动作,以确保教学过程的顺利实施。

## 1.5　辐射防护准备

培训楼模拟体无辐射风险,教学过程中需要模拟实施辐射防护,需要说明在现场实际工作中所要采取的防护措施。根据不同的辐射水平,所采取的辐射防护措施也有所不同,具体依照现场工作环境而确定,辐射防护的措施一般有以下内容:

1）穿戴辐射防护用品,如乳胶手套、口罩、纸衣等;

2）工作人员佩戴剂量率仪表,控制作业时间,做好防异物措施;

3）涉及零部件的运出,需要及时办理许可证。

## 1.6　工业安全准备

按照工业安全规定执行,所有人员穿戴劳动保护用品。具体的工业安全准备需根据现场环境而确定,但基本的工业安全需要准备。所有人员必须佩戴安全帽、防砸鞋、工作服、手套等。检修场地使用警示带围栏进行隔离,确保工作过程中无非工作人员进入。

## 1.7　配合人员准备

无。

## 1.8　场地准备

现场铺设检修垫用于摆放工器具;铺设橡胶板用于放置零部件;清理场地,确保检修场地无其他异物;合理分配场地,确保工具、设备的合理分布,方便检修;在场地外围布置警示带。

# 第二章 操作实施

## 2.1 操作实施 1 安全阀压力整定

安全阀压力整定操作见表 2-1。

表 2-1 安全阀压力整定操作

| 序号 | 操作步骤 | 操作要求 | 工器具 | 测评标准 | 备注 |
|---|---|---|---|---|---|
| 1 | 设备隔离,介质排空 | 此步骤为现场实施,模拟体模拟实施 | | 模拟体检查 | |
| 2 | 标记进出口法兰位置 | 用记号笔标记进出口法兰的位置,便于回装 | 记号笔 | 标记准确,便于识别 | |
| 3 | 拆除进出口法兰螺栓 | 对称拆除进出口法兰螺栓 | 两用扳手 18 号 | 对称拆除,螺栓无损伤 | |
| 4 | 取下安全阀 | 将安全阀取下放置于检修垫 | | 阀门无掉落 | |
| 5 | 清理进、出口管道法兰密封面 | 用白布清理进、出口管道法兰密封面 | 白布、清洗剂 | 已清洗干净 | |
| 6 | 封堵开口 | 用白布封堵管道法兰开口 | 白布 | 封堵合格 | |
| 7 | 拆除阀门保护罩 | 旋下阀门保护罩 | 管钳 | 顺利拆除保护罩 | |
| 8 | 安全阀安装于校验台 | 将安全阀安装于校验台 | | 已平稳安装 | |
| 9 | 选取压力表 | 选取与压力定值相符的压力表,检定压力为压力表量程的 60% | | 已选取合适的压力表 | |
| 10 | 压力整定 | 打压至整定值,判断是否合格 | | 判断安全阀整定合格 | |
| 11 | 调整定值 | 调节调整螺杆使压力定值于合格范围内 | 两用扳手 24 号 | 已调整合格 | |
| 12 | 密封试验 | 对安全阀进行密封试验 | | 判断保压试验合格 | |
| 13 | 拆除安全阀 | 从校验台上拆除安全阀 | | 已无损坏拆除 | |

## 2.2 操作实施 2 安全阀解体检查

安全阀解体检查见表 2-2。

表 2-2 安全阀解体检查

| 序号 | 操作步骤 | 操作要求 | 工器具 | 测评标准 | 备注 |
|---|---|---|---|---|---|
| 1 | 安全阀移至检修垫 | 将安全阀放置于检修垫上 | | 已平稳放置 | |
| 2 | 测量调节螺杆的位置并标记 | 测量调节螺杆的位置并标记 | 记号笔 | | |
| 3 | 游标卡尺 | 测量准确 | | | |
| 4 | 标记准确 | | | | |
| 5 | 拆除调节螺杆锁紧螺母 | 拆除调节螺杆锁紧螺母 | 两用扳手 24 号 | 螺母无损伤拆下 | |
| 6 | 拧松调节螺杆 | 拧松调节螺杆,释放弹簧力 | 两用扳手 24 号 | 弹簧力已释放 | |
| 7 | 标记阀盖位置 | 用记号笔标记阀盖的位置 | 记号笔 | 标记准确,便于识别 | |
| 8 | 拆除中法兰阀盖螺栓螺母 | 对称拆除中法兰阀盖螺栓螺母 | 两用扳手 18 号 | 螺栓螺母无损坏拆除 | |
| 9 | 取下阀盖 | 平稳取下阀盖 | | 阀盖无碰擦 | |
| 10 | 取下弹簧座、弹簧 | 平稳取下弹簧座、弹簧 | | 零部件无损坏取下 | |
| 11 | 取下阀杆 | 平稳取下阀杆 | | 阀杆无碰擦 | |
| 12 | 取下阀内件 | 依次取下导向套、限位块、阀瓣、垫块 | | 零部件无损伤取下 | |

## 2.3 操作实施 3 清洗及检查零部件

清洗及检查零部件见表 2-3。

表 2-3 清洗及检查零部件

| 序号 | 操作步骤 | 操作要求 | 工器具 | 测评标准 | 备注 |
|---|---|---|---|---|---|
| 1 | 清洗阀瓣和阀杆 | 使用清洗剂、白布进行清洗 | 清洗剂、白布 | 清洗干净 | |
| 2 | 清洗阀体的内腔 | 使用清洗剂、白布进行清洗 | 清洗剂、白布 | 清洗干净 | |
| 3 | 检查阀座质量 | 检查阀座是否光滑,有无划痕 | 目视 | 准确判断缺陷 | |
| 4 | 检查阀瓣的质量 | 检查阀瓣是否光滑,有无划痕 | 目视 | 准确判断缺陷 | |
| 5 | 检查导套的质量 | 检查导套是否光滑,有无划痕 | 目视 | 准确判断缺陷 | |
| 6 | 检查调节螺杆的质量 | 检查调节螺杆螺纹是否完好 | 目视 | 准确判断缺陷 | |
| 7 | 检查、修复阀杆 | 检查是否有弯曲变形、锈蚀与吹损情况,并修复 | 目视 | 准确判断缺陷 | |
| 8 | 检查弹簧的质量 | 检查弹簧是否疲劳,是否有裂纹 | 目视 | 准确判断缺陷 | |

## 2.4 操作实施 4 研磨

研磨见表 2-4。

**表 2-4 研磨**

| 序号 | 操作步骤 | 操作要求 | 工器具 | 测评标准 | 备注 |
|---|---|---|---|---|---|
| 1 | 对阀门阀座进行研磨 | 根据缺陷选择砂纸 | 研磨机 | 缺陷消失 | |
| 2 | 清洗密封面 | 用白布、清洗剂轻微清洗 | | 表面光洁 | |
| 3 | 对阀门阀座进行抛光 | 研磨粘贴砂纸，进行研磨 | 研磨机、15 μ 砂纸 | 阀座密封面无划痕等缺陷 | |
| 4 | 清洗密封面 | 用白布、清洗剂轻微清洗 | | 阀座密封面光洁 | |
| 5 | 机加工阀瓣 | 根据缺陷情况对阀瓣进行车削与抛光 | | 阀瓣表面无划痕等缺陷 | |

## 2.5 操作实施 5 安全阀回装

安全阀回装见表 2-5。

**表 2-5 安全阀回装**

| 序号 | 操作步骤 | 操作要求 | 工器具 | 测评标准 | 备注 |
|---|---|---|---|---|---|
| 1 | 拆除封堵，清理阀瓣、阀内腔 | 拆除封堵，清理阀瓣、阀内腔 | 清洗剂 | 已清洁干净 | |
| 2 | 调整圈装入阀座 | 将调整圈装入阀座，旋至阀座端面以下 | | 已安装到位 | |
| 3 | 阀瓣组件放入阀体 | 将阀瓣组件平稳放入阀体 | | 已平稳放入 | |
| 4 | 放上垫片，装上导向套 | 依次装入垫片，装上导向套 | | 垂直装入，无磁擦 | |
| 5 | 装入阀杆及弹簧座，弹簧 | 垫块上放上阀杆及弹簧座，弹簧 | | 平稳装入，无损坏 | |
| 6 | 回装阀盖 | 按照标记位置，回装阀盖 | | 按照标记平稳放置 | |
| 7 | 回装调节螺杆 | 将调节螺杆装入阀盖，装入较少螺纹即可 | | 已平稳旋入 | |
| 8 | 回装阀盖螺栓螺母 | 回装阀盖螺栓螺母，并均匀紧固 | 两用扳手 18 号 | 对称、均匀紧固 | |
| 9 | 调整调节螺杆 | 按照标记调整调节螺栓 | 两用扳手 24 号 | 已旋至标记位置 | |
| 10 | 压力整定、密封试验 | 依照 2.1 进行压力整定 | | 压力整定合格 | |
| 11 | 回装安全阀保护罩组件 | 回装安全阀保护罩组件 | 管钳 | 已装入到位 | |

续表

| 序号 | 操作步骤 | 操作要求 | 工器具 | 测评标准 | 备注 |
|---|---|---|---|---|---|
| 12 | 紧固调节圈螺钉 | 紧固好调节圈螺钉 | | 已紧固 | |
| 13 | 安装调节螺杆锁紧螺母 | 安装调节螺杆锁紧螺母 | 两用扳手 24 号 | 已紧固到位 | |
| 14 | 安全阀运至现场 | 安全阀运至现场 | | 已无损伤运至现场 | |
| 15 | 进出口法兰垫片 | 准备好进出口法兰垫片 | | 法兰垫片密封无损坏 | |
| 16 | 清理密封面 | 清理好阀门及管道各法兰密封面 | | 密封面无损伤,光洁 | |
| 17 | 回装进出口螺栓 | 回装阀门进出口法兰螺栓,并均匀对称紧固 | | 螺栓已对称均匀紧固 | |

## 2.6　操作实施 6　清理现场

清理现场见表 2-6。

**表 2-6　清理现场**

| 序号 | 操作步骤 | 操作要求 | 工器具 | 测评标准 | 备注 |
|---|---|---|---|---|---|
| 1 | 清理现场 | 清理设备表面,清理检修设备附近区域的异物 | | 检修设备无异物 | |
| 2 | 做到工完料尽场地清 | 清理检修完成后的零部件、材料等 | | 无零部件、材料遗漏 | |
| 3 | 整理工具 | 整理工具与原始工具清单对比 | | 工具无缺失 | |

## 2.7　实施中需要特别注意的几个关键点

1）阀门解体前,旋松调节螺杆,释放弹簧力；
2）解体阀门时,零部件取出的顺序；
3）研磨；
4）压力整定、密封试验。

# 第三章　故障检查和处理

## 3.1　常见故障现象和判断方法检查和处理

常见故障现象和判断方法检查和处理见表 3-1。

**表 3-1　常见故障现象和判断方法检查和处理**

| 序号 | 故障现象 | 判断方法 | 故障原因分析 | 故障排除方法 |
|---|---|---|---|---|
| 1 | 安全阀内漏 | 阀后管道有介质流出 | 密封面损坏 | 解体研磨密封面 |
| 2 | 开启压力不正常 | 系统压力至开启值时安全阀未起跳 | 弹簧为调整好 | 调整弹簧、调节螺杆 |

## 3.2　常见故障原因分析和故障排除方法

常见故障原因分析和故障排除方法见表 3-2。

**表 3-2　常见故障原因分析和故障排除方法**

| 序号 | 故障原因分析 | 故障排除方法 |
|---|---|---|
| 1 | 密封面损坏 | 解体研磨密封面 |
| 2 | 弹簧为调整好 | 调整弹簧、调节螺杆 |

## 3.3　特殊故障现象和判断方法

特殊故障现象和判断方法见表 3-3。

**表 3-3　特殊故障现象和判断方法**

| 序号 | 故障现象 | 判断方法 | 故障原因分析 | 故障排除方法 |
|---|---|---|---|---|
| 1 | 安全阀开启、关闭频繁 | 安全阀连续多次开启、关闭 | 调节圈位置不当 | 重新调整调节圈 |

## 3.4　特殊故障原因分析和故障排除方法

特殊故障原因分析和故障排除方法见表 3-4。

表 3-4　特殊故障原因分析和故障排除方法

| 序号 | 故障原因分析 | 故障排除方法 |
|---|---|---|
| 1 | 调节圈位置不当 | 重新调整调节圈 |

# 第四章　操作结束

## 4.1　解体后验证

解体完成后检查零部件与备件是否有所缺失，手动调整调节螺杆，验证阀门无卡涩。

## 4.2　总结培训过程

阀门解体前，熟悉阀门的工作原理与结构，核实所需工具与备件。阀门从系统管道拆除要注意防异物封堵，进行阀门压力定值校验，检验阀门是否有缺陷，如有缺陷则解体阀门，解体阀门时，需要旋松调节螺杆以释放弹簧力，拆除阀盖，取下弹簧及弹簧座，依次拆除阀杆、导向套、阀瓣等组件，拆除完成后，注意防异物封堵，检查并清洗各个零部件与紧固件，确认各个部件无问题。着重检查阀座与阀瓣的表面情况，必要时进行车削加工与抛光，检查密封线，合格后清洗进行回装。

## 4.3　评判

学员对解体过程进行阐述，并说明其中的关键点以及注意事项。教员对学员的陈述简要记录，根据阐述评判学员的掌握情况。教员指出学员阐述过程中的错误以及需要注意的事项，并且依据评判表，对学员的学习情况做出整体评判。

## 4.4　清理现场

工作结束后，做到工完料尽场地清。工具整理并与工具清单进行对比，确保工具无缺失，并检查工具的可用性，记录损坏情况并汇报。对更换的领料物资与领料单进行核实，确保所有可更换的物资已更换。清理工作过程中的耗材，进行分类处理，放置到对应的塑料袋中。清理现场的塑料布、橡胶板，必要时用白布清理现场。

## 4.5　工后会

工后会是对整个工作的过程的回顾以及必要的经验反馈。

回顾工作过程：场地已清理，设备标牌完好，工作许可证已归还，对检修任务进行评价，是否达到预期的目的，试验设备与工器具已经归还。

工作后的经验反馈是对以后同类型的阀门工作的经验积累，以提高工作的检修技能，能够更好地完成检修工作。

# 第五章　经验反馈

2012 年 9 月 13 日,现场发现该安全阀在往外漏水。机械人员核实现场后,准备工作文件,待取到工作许可证后,进行检修。

领取工作许可证,与运行人员交流信息,验证隔离边界,确认检修设备正确,从系统拆下阀门,对开口处临时封堵,在试验台对阀门进行压力整定,0.35 MPa 合格,在整定值的 90%做密封 3 分钟,压降 0.037 MPa 不合格。解体检查阀门,清洗各部件,研磨抛光阀瓣阀座,组装阀门,重新进行压力整定 0.35 MPa 合格,在整定值 90%做密封 3 分钟压降 0.003 MPa 合格,检查并清理法兰密封面,更换进出口垫片,对称均匀紧固法兰连接螺栓,工作结束,确认标牌完好,清理现场,归还许可证。

故对于安全阀检修中压力整定后,一定需要进行密封性试验,用以检验阀门是否完好密封。若密封不合格,则说明密封面可能有问题。

# 第六章 习 题

## 6.1 选择题

1. 安全阀的工作不包括以下(C)。

A. 压力整定　　B. 解体　　C. 膜片更换

2. 安全阀的密封主要是由阀座与(C)完成。

A. 阀杆　　B. 阀盖　　C. 阀瓣

3. 安全阀压力调整主要依靠(C)调整。

A. 弹簧　　B. 阀杆　　C. 调整螺杆

## 6.2 判断题

1. 安全阀解体前可以直接拆除中法兰螺栓。 (×)

2. 安全阀回装前,需检查阀内腔是否有异物。 (√)

3. 安全阀回装后需要按照原标记调节调整螺杆,方便整定压力的调整。 (√)

## 6.3 简答题

弹簧式安全阀的组成结构。

答:弹簧式安全阀一般由阀体、阀座、阀瓣、阀杆、调节圈、弹簧和调节螺杆等组成。

## 6.4 实操题

**鉴定点:安全阀解体**

**试题 1:安全阀解体**

1. 准备要求

考场准备:

(1) 试题名称:安全阀解体

(2) 本题分值:15

(3) 考核时间:40 min

(4) 考核形式:实操

(5) 设备设施准备

| 序号 | 名称 | 规格 | 单位 | 数量 | 备注 |
|---|---|---|---|---|---|
| 1 | 模拟体 |  | 台 | 1 | 教学用模拟体一台,无密封焊 |

考生准备:

(1) 试题名称:安全阀解体

(2) 本题分值:15

(3) 考核时间:40 min

(4) 考核形式:实操

(5) 工具及其他准备

| 序号 | 名称 | 规格 | 单位 | 数量 | 备注 |
|---|---|---|---|---|---|
| 1 | 游标卡尺 | 0～150 mm | 把 | 1 | 教学用模拟体一台,无密封焊 |
| 2 | 两用扳手 | 24号 | 把 | 2 |  |
| 3 | 两用扳手 | 18 | 把 | 2 |  |
| 4 | 管钳 | 12″ | 把 | 1 |  |

2. 考核要求

(1) 本题分值:15

(2) 考核时间:40 min

(3) 考核形式:实操

(4) 具体考核要求:根据解体阀体,熟悉其关键点,阀门解体需标记位置,解体过程大致步骤

(5) 否定项说明:零部件损坏

3. 配分与评分标准

| 序号 | 考核内容 | 考核要点 | 分 | 评分标准 | 分 | 分 |
|---|---|---|---|---|---|---|
| 1 | 安全阀解体前准备 | 确定安全阀解体前的准备工作是否充分 | 1 | 未模拟检查隔离状态扣1分 |  |  |
| 2 | 安全阀解体调节螺栓注意 | 是否了解安全阀解体时调节螺杆的操作 | 2 | 解体时调节螺杆未旋松扣2分 |  |  |
| 3 | 安全阀解体步骤 | 是否了解安全阀解体的过程 | 4 | 1. 安全阀拆卸步骤错误扣2分<br>2. 造成零部件损坏扣2分 |  |  |
| 4 | 零部件清洗 | 了解需要清洗的安全阀零部件 | 2 | 未说明所有需清洗的零部件扣2分 |  |  |
| 5 | 安全阀回装前检查 | 回装前需要注意的事项 | 3 | 1. 未说明零部件完好或已修复、更换,扣1分<br>2. 未检查阀内腔清洁度扣2分 |  |  |

否定项:零部件损坏。

评分人:　　年　　月　　日　　　　　　　　核分人:　　年　　月　　日

# 第五部分　减压阀维修

## 第一章　操作准备

### 1.1　原理描述

#### 1.1.1　减压阀原理

减压阀从流体力学的观点看,是一个局部阻力可以变化的调节元件,即通过改变节流面积,使流速及流体的动能改变,造成不同的压力损失,从而达到减压的目的。

目前工程上通常采用机械式减压阀和电动/气动调节阀进行减压。

压力电动/气动调节系统的调节精度由调节阀的工作流量特性(即调节阀在前后压差随流量变化的工作条件下,调节阀相对开度与相对流量之间的关系)决定。用电动或气动控制阀+压力传感器+控制仪来控制,通常这种方法适用于压力负荷变化较小、流量负荷较大,机械式调节阀精度无法满足要求的场合。

机械式减压阀靠调节阀芯与阀座流通截面积以稳定阀后压力的稳定,一般分为两类,即直接作用型和先导调节型。机械式减压阀有以下特点。

1）阀门在小流量下后端压力变化较小,在小流量大压差工况下减压效果较好。

2）阀门在大流量情况下阀后压力下降较大。

3）机械式减压阀适用于流量负荷较小。在常规应用中机械式减压阀使用较为广泛,他们的调节比一般为 10:1 或 20:1。

#### 1.1.2　几种典型的减压阀

(1）直接作用式减压阀

传感器/操作器感应压力并直接移动阀门,压力直接作用于设定弹簧;压力的变化作用于传感器/操作器,以此通过阀杆推动阀门动作(见图 1-1)。

直接作用式减压阀的特点:

1）体积最小,无外接管,自成一体;

2）价格便宜;

3）排量最小;

4）精度最低，±10%。

直接作用式减压阀的安装示意图见图 1-2。

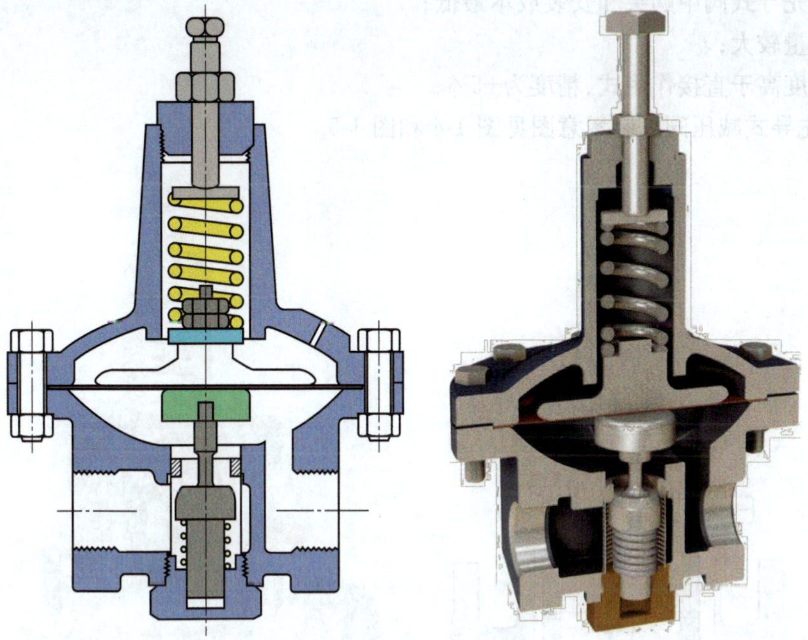

图 1-1　直接作用式减压阀

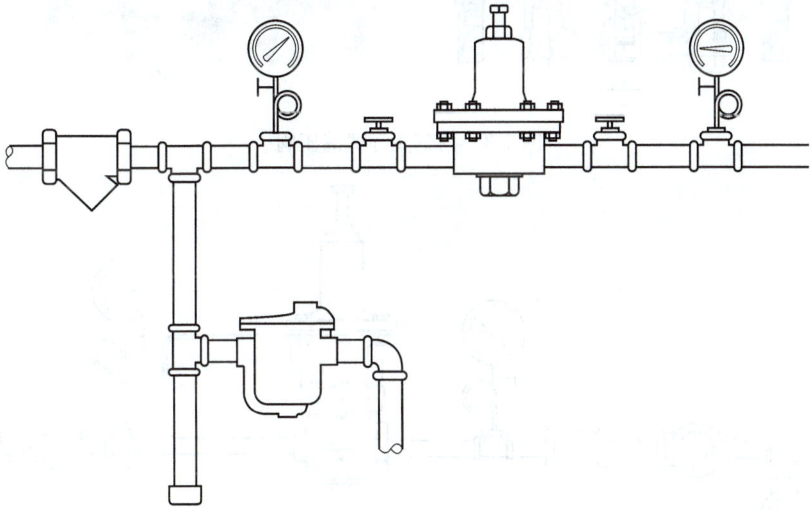

图 1-2　直接作用式减压阀安装示意图

（2）内部先导式减压阀

内部先导式减压阀工作过程，先导阀膜片感应压力变化，先导阀将放大的信号输出给移动主阀的活塞，主阀补偿迅速恢复压力（见图 1-3）。

内部先导式减压阀的特点：

1）尺寸小；

2）内部通道免去了外部接管；

3）在先导式阀中购买和安装成本最低；

4）排量较大；

5）精度高于直接作用式，精度为±5%。

内部先导式减压阀安装示意图见图 1-4 和图 1-5。

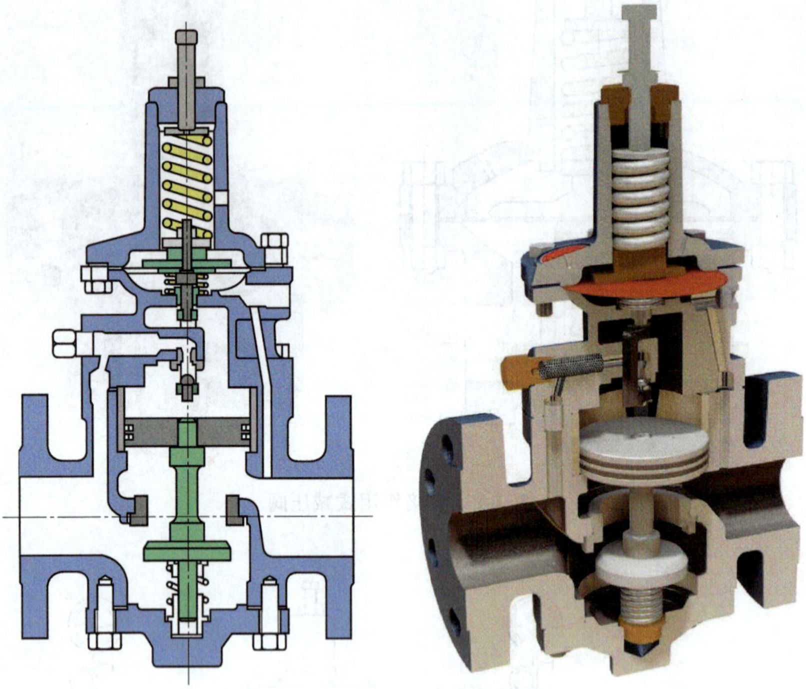

图 1-3　内部先导式减压阀

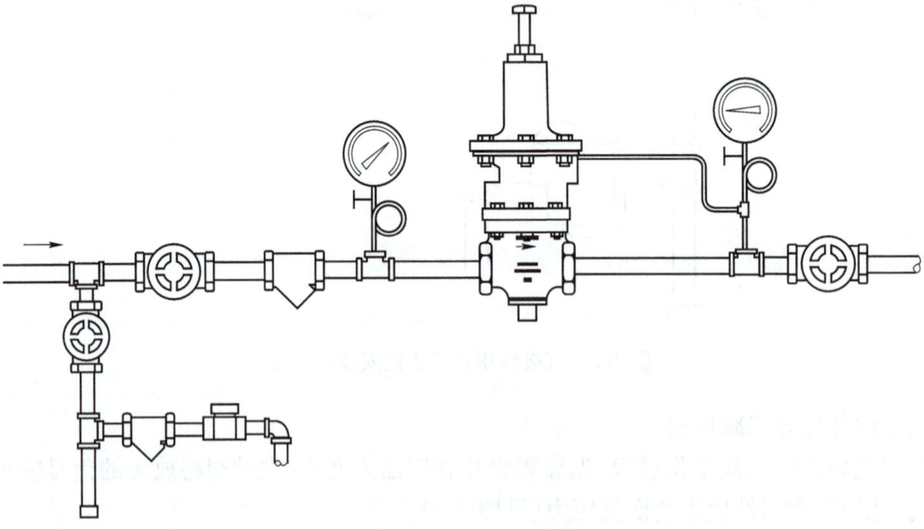

图 1-4　内部先导式减压阀(阀后引压)

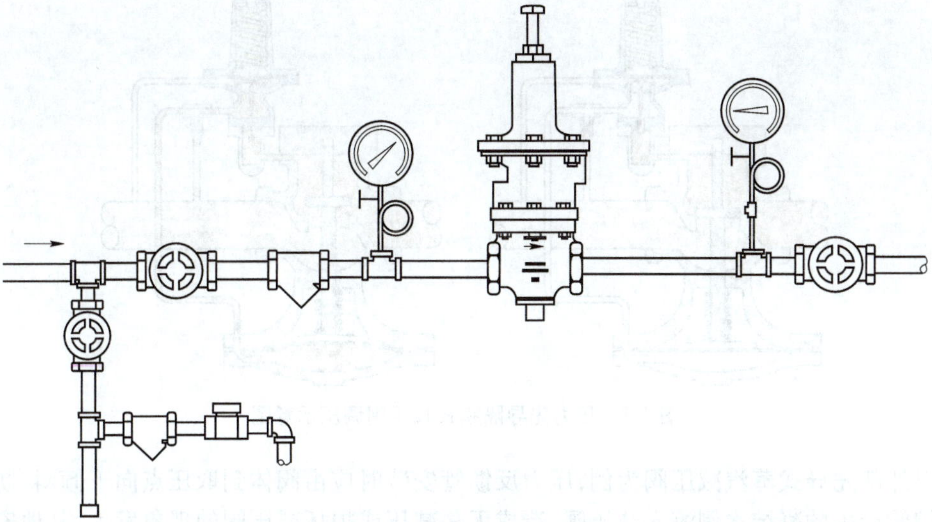

图 1-5　内部先导式减压阀

(3) 外部先导型蒸汽减压阀

外部先导式减压阀,由压力反馈管把阀后压力传递至膜盒,膜盒产生位移使阀芯与阀座流通截面积改变而维持阀后压力稳定在一定范围内(见图 1-6 和图 1-7)。

图 1-6　压力先导隔膜式减压阀

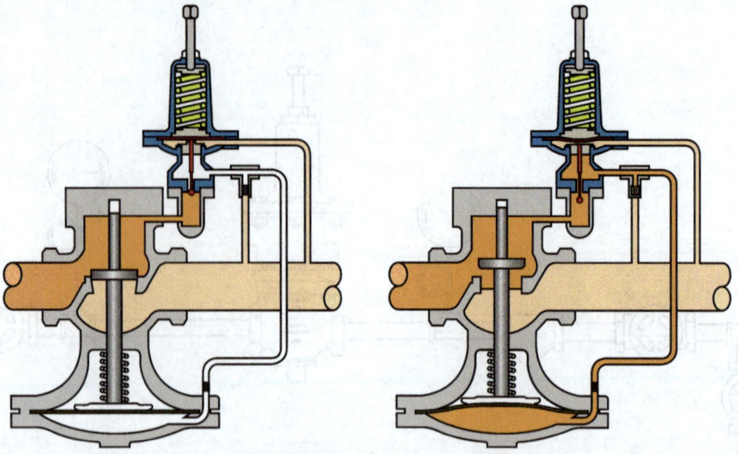

图 1-7 压力先导隔膜式减压阀调压示意图

以外部先导式蒸汽减压阀为例,压力反馈管安装时应由阀体到取压点向下倾斜,防止压力反馈管产生的凝结水倒流入减压阀,造成无法减压或损坏减压阀的现象发生,其他安装使用注意事项与内部先导式减压阀相同。

当先导阀压力有阀后引出时,一般常称为"自力式",其安装示意图见图 1-8;而先导阀压力由阀前压力控制是,一般称为"背压式"(见图 1-9)。

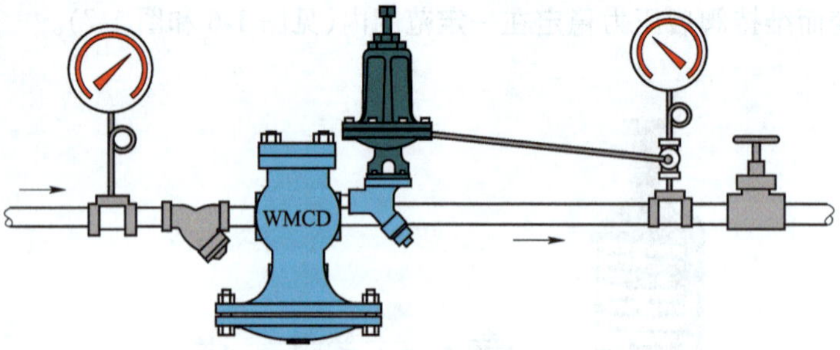


图 1-8 自力式减压阀安装示意图

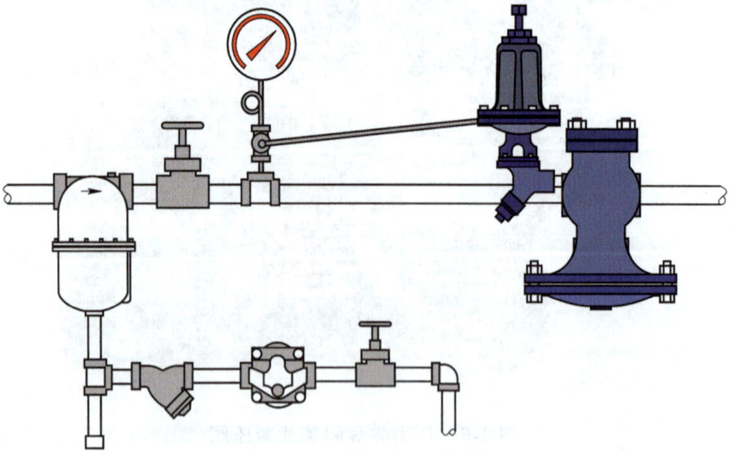

图 1-9 背压式减压阀安装示意图

### 1.1.3　减压阀操作与维修注意事项

1）当减压介质为高温高压介质时，禁止用裸手直接接触阀体，否则可能造成烫伤；

2）在操作前，应首先关闭减压阀前隔离阀，并利用旁路去除全部异物和铁锈，否则可能造成减压阀故障，无法正常工作；

3）通过旁路管线的二次侧压力必须低于设定压力，否则由于通过旁路管线的二次侧压力高于设定压力，引起安全阀起跳；

4）当调整压力时，慢慢地轻动调整螺丝，不当的调整操作可能形成水击或砰砰做响声等，对减压阀或其他设备造成损坏；

5）管线中的凝结水要完全排除，当长时间不用时，应关闭减压阀前后的截止阀，（管路中产生的铁锈可能造成故障）；

6）对于带手柄的型号，确实需要进行手动操作时，应首先按下手柄，再进行转动调整；此时，不可用力过大或转动过快，以免损坏手柄。

## 1.2　文件准备

减压阀技能培训完全模拟现场工作，具有完整的工作包，包括工作指令单，质量计划、风险分析、领料、隔离指令等，规程使用为《Y42X-160 DN80 活塞式减压阀全面解体检查》，工前会、工后会、设备信息收集单等。

## 1.3　工器具准备

工器具准备见表 1-1。

**表 1-1　工器具**

| 工具名称 | 规格 | 数量 |
|---|---|---|
| 一字螺丝刀 | | 1 把 |
| 两用扳手 | 10 号 | 2 把 |
| 两用扳手 | 11 号 | 2 把 |
| 两用扳手 | 13 号 | 1 把 |
| 两用扳手 | 17 号 | 1 把 |
| 管钳 | | 1 把 |

## 1.4　模拟体准备

培训楼模拟体，模拟体处于可用状态。检查模拟体是否有损坏，核实可否正常动作，以确保教学过程的顺利实施。

## 1.5 辐射防护准备

培训楼模拟体无辐射风险，教学过程中需要模拟实施辐射防护，需要说明在现场实际工作中所要采取的防护措施。根据不同的辐射水平，所采取的辐射防护措施也有所不同，具体依照现场工作环境而确定，辐射防护的措施一般有以下内容：

1）穿戴辐射防护用品，如乳胶手套、口罩、纸衣等；

2）工作人员佩戴剂量率仪表，控制作业时间，做好防异物措施；

3）涉及零部件的运出，需要及时办理许可证。

## 1.6 工业安全准备

按照工业安全规定执行，所有人员穿戴劳动保护用品。具体的工业安全准备需根据现场环境而确定，但基本的工业安全需要准备。所有人员必须佩戴安全帽、防砸鞋、工作服、手套等。检修场地使用警示带进行围栏，确保工作过程中无非工作人员进入。

## 1.7 配合人员准备

无。

## 1.8 场地准备

现场铺设检修垫用于摆放工器具；铺设橡胶板用于放置零部件；清理场地，确保检修场地无其他异物；合理分配场地，确保工具、设备的合理分布，方便检修；在场地外围布置警示带。

# 第二章　操作实施

## 2.1　操作实施 1　减压阀解体

减压阀解体见表 2-1。

表 2-1　减压阀解体

| 序号 | 操作步骤 | 操作要求 | 工器具 | 测评标准 | 备注 |
|---|---|---|---|---|---|
| 1 | 设备隔离，介质排空 | 此步骤为现场实施，模拟体模拟实施 | | 模拟体检查 | |
| 2 | 拆除防护罩 | 拆除防护罩以及挡圈 | | 无损坏拆除 | |
| 3 | 标记弹簧高度 | 记号笔做好弹簧高度的记号 | 记号笔 | 标记准确，便于识别 | |
| 4 | 旋松调节螺杆 | 旋松调节螺杆到底，释放弹簧力 | 两用扳手 17 号 | 调节螺杆已旋松 | |
| 5 | 标记中法兰位置 | 用记号笔标记中法兰的位置 | 记号笔 | 标记准确，便于识别 | |
| 6 | 拆除弹簧罩 | 拆除中法兰螺栓，取下弹簧罩 | 两用扳手 17 号 | 对此拆除中法兰螺栓，无损伤 | |
| 7 | 依次取下弹簧组件 | 依照顺序取下弹簧组件的各个零部件 | | 安装顺序拆下 | |
| 8 | 旋下膜片压板螺母 | 取下膜片压板螺母 | 两用扳手 17 号 | 螺母无损坏取下 | |
| 9 | 取下弹簧下盘，膜片 | 先取出弹簧下盘，再取出膜片 | | 依次无损坏取下 | |
| 10 | 拆除阀门下盖 | 取下阀门下盖及垫片 | 管钳 | 平稳取下阀盖 | |
| 11 | 取下阀瓣螺母 | 取下阀瓣螺母 | 两用扳手 13 号 | 螺母无损坏取下 | |
| 12 | 取出阀瓣及密封垫 | 先取出阀瓣，再取出密封垫 | | 平稳取出，无掉落 | |
| 13 | 取出阀杆 | 将阀杆向上抽出，取出 O 形圈 | | 阀杆平稳取出，无碰擦 | |
| 14 | 取下阀座及密封垫 | 先取下阀座，再取下密封垫 | 专用工具 | 顺利取下阀座，螺纹无损伤 | |
| 15 | 取下导套及导套垫 | 先取下导套，再取下导套垫 | 专用工具 | 顺利取下导套，螺纹无损伤 | |
| 16 | 零部件放置于检修垫 | 将所有零部件放置于检修垫 | | 放置于检修垫 | |
| 17 | 防异物处理 | 用白布封堵开口 | 白布 | 开口已完全封堵 | |

## 2.2 操作实施 2 清洗及检查零部件

清洗及检查零部件见表 2-2。

表 2-2 清洗及检查零部件

| 序号 | 操作步骤 | 操作要求 | 工器具 | 测评标准 | 备注 |
|---|---|---|---|---|---|
| 1 | 清洗阀瓣和阀杆 | 使用清洗剂、白布进行清洗 | 清洗剂、白布 | 清洗干净 | |
| 2 | 清洗阀体的内腔 | 使用清洗剂、白布进行清洗 | 清洗剂、白布 | 清洗干净 | |
| 3 | 检查阀体阀座质量 | 检查阀体、阀座是否光滑,有无划痕 | 目视 | 准确判断缺陷 | |
| 4 | 检查阀瓣的质量 | 检查阀瓣是否光滑,有无划痕 | 目视 | 准确判断缺陷 | |
| 5 | 检查导套的质量 | 检查导套是否光滑,有无划痕 | 目视 | 准确判断缺陷 | |
| 6 | 检查调节螺杆的质量 | 检查调节螺杆丝牙是否完好 | 目视 | 准确判断缺陷 | |
| 7 | 检查、修复阀杆 | 检查是否有弯曲变形、锈蚀与吹损情况,并修复 | 目视 | 准确判断缺陷 | |
| 8 | 检查弹簧的质量 | 检查弹簧是否疲劳,是否有裂纹 | 目视 | 准确判断缺陷 | |
| 9 | 检查膜片 | 检查膜片并进行更换 | 目视 | 准确判断缺陷 | |

## 2.3 操作实施 3 减压阀回装

减压阀回装见表 2-3。

表 2-3 减压阀回装

| 序号 | 操作步骤 | 操作要求 | 工器具 | 测评标准 | 备注 |
|---|---|---|---|---|---|
| 1 | 回装导套垫及导套 | 先回装新的导套垫,再回装导套 | 专用工具 | 平稳装入,拧紧导套 | |
| 2 | 回装阀座垫及阀座 | 先回装新的阀座垫,再回装阀座 | 专用工具 | 防掉落,拧紧阀座 | |
| 3 | 回装 O 形圈 | 将 O 形圈装入阀杆 | | 平稳装入,O 形圈无损坏 | |
| 4 | 装入阀杆 | 阀杆从上部向下装入阀体内 | | 平稳装入,无碰擦 | |
| 5 | 组装阀瓣组件 | 将阀瓣垫片装入阀瓣上 | | 平稳装入,无损坏 | |
| 6 | 回装阀瓣组件 | 将阀瓣组件装入阀杆,并拧紧阀瓣螺母 | 两用扳手 13 号 | 垂直装入,螺母拧紧 | |
| 7 | 回装下盖垫片及下盖 | 先装入垫片,再拧紧下盖 | 管钳 | 防止垫片损坏 | |
| 8 | 装入新膜片 | 将新膜片装入阀杆上,孔与中法兰螺栓孔对齐 | | 平稳装入膜片,无损坏 | |

续表

| 序号 | 操作步骤 | 操作要求 | 工器具 | 测评标准 | 备注 |
|---|---|---|---|---|---|
| 9 | 回装弹簧下盘,并螺母拧紧 | 将弹簧下盘压紧膜片,并用螺母拧紧 | 两用扳手 17 号 | 螺母拧紧,膜片无转动 | |
| 10 | 调节螺杆旋入弹簧上盘螺孔 | 调节螺杆旋入弹簧上盘螺孔,并尽可能旋到底 | 两用扳手 17 号 | 调节螺杆已旋入 | |
| 11 | 将弹簧上盘装入弹簧罩 | 对准导向槽,将弹簧上盘装入弹簧罩 | | 平稳装入 | |
| 12 | 回装弹簧罩 | 安装标记将弹簧罩装入阀体,螺栓孔对准 | | 平稳装入,螺栓孔对准 | |
| 13 | 紧固阀门中法兰螺栓 | 将中法兰螺栓装入,并对此紧固 | 两用扳手 17 号 | 螺栓对称紧固 | |
| 14 | 调整调节螺杆 | 安装标记调整调节螺杆至原位置 | 两用扳手 17 号 | 已调至标记位置 | |
| 15 | 装入防护罩 | 装入防护罩 | | 已平稳装入 | |

## 2.4 操作实施 4 清理现场

清理现场见表 2-4。

表 2-4 清理现场

| 序号 | 操作步骤 | 操作要求 | 工器具 | 测评标准 | 备注 |
|---|---|---|---|---|---|
| 1 | 清理现场 | 清理设备表面,清理检修设备附近区域的异物 | | 检修设备无异物 | |
| 2 | 做到工完料尽场地清 | 清理检修完成后的零部件、材料等 | | 无零部件、材料遗漏 | |
| 3 | 整理工具 | 整理工具与原始工具清单对比 | | 工具无缺失 | |

## 2.5 实施中需要特别注意的几个关键点

1) 阀门解体前,旋松调节螺杆,释放弹簧力;
2) 解体阀门时,零部件取出的顺序;
3) 注意检查减压阀零部件的缺陷。

# 第三章　故障检查和处理

常见故障现象和判断方法检查和处理见表 3-1。

**表 3-1　常见故障现象和判断方法检查和处理**

| 序号 | 故障现象 | 判断方法 | 故障原因分析 | 故障排除方法 |
|---|---|---|---|---|
| 1 | 不减压 | 1. 出口压力表数值上升<br>2. 减压阀前后压力变化不大 | 1. 膜片疲劳；<br>2. 密封面损坏。 | 1. 更换膜片；<br>2. 密封面研磨修复。 |
| 2 | 阀后压力不稳定 | 阀后压力随着阀前压力变动而变动，无法保持所需压力 | 1. 阀芯被异物卡在；<br>2. 阀杆、推杆卡住；<br>3. 进液管道堵塞。 | 1. 重新拆装排除异物；<br>2. 重新调整；<br>3. 疏通。 |
| 3 | | 阀后压力降不下来，始终大于需求值 | 1. 设定弹簧刚度太大；<br>2. 阀口径过大；<br>3. 阀前压力过高，减压比过大。 | 1. 更换弹簧；<br>2. 更换较小口径；<br>3. 阀前压:阀后压超过 10:1 应 2 级降压。 |
| 4 | | 阀后压力升不上去，始终小于需求值 | 1. 设定弹簧刚度太小；<br>2. 阀口径过小；<br>3. 减压比过小。 | 1. 更换弹簧；<br>2. 更换较大口径；<br>3. 阀前压：阀后压低于 1.25，应提高阀前压力。 |
| 5 | | 阀后压力波动过于频繁 | 1. 阀口径过大；<br>2. 执行机构模室容量太小。 | 1. 选择适当的阀口径；<br>2. 在进液管道内增设节流装置。 |

# 第四章　操作结束

## 4.1　解体后验证

解体完成后检查零部件与备件是否有所缺失，手动调整调节螺杆，验证阀门无卡涩。

## 4.2　总结培训过程

阀门解体前，熟悉阀门的工作原理与结构，核实所需工具与备件。解体阀门时，需要旋松调节螺杆，以释放弹簧力，拆除弹簧罩，取下弹簧及弹簧座，依次拆除弹簧下盘螺母，取下弹簧下盘、拆除膜片等，取下阀门下盖，拆除阀瓣固定螺母及阀瓣，抽出阀杆，最后拆除阀座及导套。拆除完成后，分离各个零部件，检查并清洗各个零部件与紧固件，确认各个部件无问题后，进行回装。

## 4.3　评判

学员对解体过程进行阐述，并说明其中的关键点以及注意事项。教员对学员的陈述简要记录，根据阐述评判学员的掌握情况。教员指出学员阐述过程中的错误以及需要注意的事项，并且依据评判表，对学员的学习情况做出整体评判。

## 4.4　清理现场

工作结束后，做到工完料尽场地清。工具整理并与工具清单进行对比，确保工具无缺失，并检查工具的可用性，记录损坏情况并汇报。对更换的领料物资与领料单进行核实，确保所有可更换的物资已更换。清理工作过程中的耗材，进行分类处理，放置到对应的塑料袋中。清理现场的塑料布、橡胶板，必要时用白布清理现场。

## 4.5　工后会

工后会是对整个工作的过程的回顾以及必要的经验反馈。

回顾工作过程：工作许可证已归还，场地已清理，设备标牌完好，对检修任务进行评价，是否达到预期的目的，试验设备与工器具已经归还。

工作后的经验反馈是对以后同类型的阀门工作的经验积累，以提高工作的检修技能，能够更好地完成检修工作。

# 第五章 经验反馈

**【案例一】**2012 年 3 月 4 日,某核电厂现场一背压控制阀压力定值有误。机械人员核实现场后,准备工作文件,待取到工作许可证后,进行调整。现场经过调整无法恢复的正常值,故判断可能为阀芯、阀座密封有缺陷。

**缺陷原因:**

领取工作许可证,执行工作指令及规程要求,现场验证设备标牌,关闭 8RAZ053VZ、8RAZ055VZ,将 8RAZ054VZ 从系统中隔离,解体阀门,发现阀芯损坏,需要更换整阀备件,填写 QDR(8QDR-2014-MM-005),更换整阀,再将阀门重新安装至现场,然后调整阀门的背压值至 0.02 MPa,工作结束,清理现场,还票。

故在背压控制阀压力定值有误,可以先调整弹簧,检查是否可以调整,如调整合格,则证明阀芯部分无故障。

**【案例二】**2014 年 3 月 15 日上午 8 时 30 分,某核电厂 5AC 厂房管理人员巡检中发现,5AC 厂房非控制区−3.4 m 走廊内 5SED041VD 减压阀大量漏水,地面积水 15 mm 左右,厂房管理人员立即关闭减压阀隔离阀 5SED003VD 和 5SED004VD,同时开启 5SED001VD 和 5SED002VD,启用对应的旁路恢复对 5AC 厂房的供水,并对地面积水进行清理。

2014 年 3 月 17 日上午 8 时 30 分,5AC 厂房管理人员巡检同样位置发现 5SED040VD 上游管道剧烈振动,并伴发巨响,厂房管理人员随后关闭 5SED001VD 和 5SED002VD,异响消失。随后开具缺陷单。

图 5-1 缺陷阀门照片

**缺陷原因:**

该阀为直接作用式减压阀,观察得知漏水处为阀体上部,怀疑该阀内部垫片损坏,导致阀体内部的介质泄漏。

# 第六章　习　题

## 6.1　选择题

1. 机械式减压阀的驱动方式为(C)。

A. 手动　　B. 气动　　C. 自动

2. 减压阀的密封主要是由阀座与(C)完成。

A. 阀杆　　B. 阀盖　　C. 阀瓣　　D. 活塞

3. 减压阀压力调整主要依靠(C)调整。

A. 阀瓣　　B. 阀杆　　C. 调整螺杆　　D. 活塞

4. 要降低液压系统中某一部分的压力时,一般系统中要配置(B)。

A. 溢流阀　　B. 减压阀　　C. 节流阀　　D. 单向阀

5. (A)是控制液体压力控制阀的一种。

A. 溢流阀　　B. 节流阀　　C. 闸阀　　D. 减压阀

## 6.2　判断题

1. 减压阀解体前可以直接拆除中法兰螺栓。　(×)

2. 减压阀回装前,需检查阀内腔是否有异物。　(√)

3. 调节阀、减压阀和节流阀都是用来调节流体的流量或压力的。　(√)

## 6.3　简答题

1. 减压阀的作用是什么?

答:减压阀的作用是将设备和管道内的压力降到所需压力。它依靠其敏感元件(膜片,弹簧片等)改变阀瓣的位置,增加管道局部阻力,从而使管道内介质的压力降低。

2. 简述先导活塞式减压阀的工作原理。

答:先导活塞式减压阀在管路系统中工作时,首先由进入阀内的高压流体,从进口导压管经过先导阀进入活塞环上端,活塞受到一个压力下降,通过传动杆推开阀瓣,使减压阀打开某一个开度,此时已经进入阀内的高压流体便从打开的缝隙中流过,流体受阻降低压力后进入阀的出口腔,这时一股减压后的流体通过出口导压管回到先导阀受控装置调压弹簧座的下端。

如果出口压力高于调节值(即要求值),则上面的弹簧被托起,带动传动杆从而关小先导阀,使进入活塞上端的流体压力降低些,活塞相应上升,主阀的阀瓣相应的关小了些,使进口的高压流体受到更大的阻力从而降低压力,来满足出口压力的要求。如果出口压力低于要求值,则进行相反的动作,加大主阀的开度。从而来满足设定的减压要求。

## 6.4 实操题

**鉴定点:减压阀解体**

**试题 1:减压阀解体**

1. 准备要求

考场准备:

(1) 试题名称:减压阀解体

(2) 本题分值:15

(3) 考核时间:40 min

(4) 考核形式:实操

(5) 设备设施准备

| 序号 | 名称 | 规格 | 单位 | 数量 | 备注 |
|---|---|---|---|---|---|
| 1 | 模拟体 | | 台 | 1 | 教学用模拟体一台,无密封焊 |

考生准备:

(1) 试题名称:减压阀解体

(2) 本题分值:15

(3) 考核时间:40 min

(4) 考核形式:实操

(5) 工具及其他准备

| 序号 | 名称 | 规格 | 单位 | 数量 | 备注 |
|---|---|---|---|---|---|
| 1 | 一字螺丝刀 | | 把 | 1 | |
| 2 | 两用扳手 | 10 号 | 把 | 2 | |
| 3 | 两用扳手 | 11 号 | 把 | 2 | |
| 4 | 两用扳手 | 13 号 | 把 | 1 | |
| 5 | 两用扳手 | 17 号 | 把 | 1 | |
| 6 | 管钳 | | 把 | 1 | |

2. 考核要求

(1) 本题分值:15

(2) 考核时间:40 min

(3) 考核形式:实操

(4) 具体考核要求:根据解体阀体,熟悉其关键点,阀门解体需标记位置,解体过程大致步骤

(5) 否定项说明:零部件损坏

3. 配分与评分标准

| 序号 | 考核内容 | 考核要点 | 配分 | 评分标准 | 扣分 | 得分 |
|---|---|---|---|---|---|---|
| 1 | 减压阀解体前准备 | 确定减压阀解体前的准备工作是否充分 | 1 | 未模拟检查隔离状态扣1分。 | | |
| 2 | 减压阀解体调节螺栓注意 | 是否了解减压阀解体时调节螺杆的操作 | 2 | 解体时调节螺杆未旋松扣2分。 | | |
| 3 | 减压阀解体步骤 | 是否了解减压阀解体的过程 | 4 | 1. 减压阀拆卸步骤错误扣2分;<br>2. 造成零部件损坏扣2分。 | | |
| 4 | 零部件清洗 | 了解需要清洗的减压阀零部件 | 2 | 未说明所有需清洗的零部件扣2分。 | | |
| 5 | 减压阀回装前检查 | 回装前需要注意的事项 | 3 | 1. 未说明零部件完好或已修复、更换,扣1分;<br>2. 未检查阀内腔清洁度,扣2分。 | | |
| 6 | 减压阀回装是注意事项 | 减压阀回装时螺栓均匀对此紧固;调节螺杆需调回原位置 | 3 | 1. 未对此均匀紧固扣,2分;<br>2. 未调整调节螺杆,扣1分。 | | |

否定项:零部件损坏。

评分人:　　年　　月　　日　　　　　　　　　　　　核分人:　　年　　月　　日

# 第六部分　手动截止阀解体检查

## 第一章　操作准备

### 1.1　阀门原理与结构描述

手动截止阀,是指关闭件(阀芯)在阀杆的带动下,沿阀座密封面的轴线做升降运动而达到启闭目的的阀门。打开阀门,即当阀芯提升、阀芯与阀座脱开时,介质在阀门内部形成通路。关闭阀门,即阀芯与阀座结合时,介质被截断,无法通流。截止阀多采用手轮或手柄传动,在需要自动操作的场合,也可以采用电动传动。由于截止阀的结构问题(垂直截断流体,介质在阀体内存在 90°转向),截止阀的流体阻力很大,启闭力矩也大,因而也影响其在大口径场合的应用。

典型手动截止阀主要包括:阀体、阀盖、阀杆、阀杆螺母、阀芯、阀座、填料函、填料、手轮装置、密封垫等(见图 1-1)。

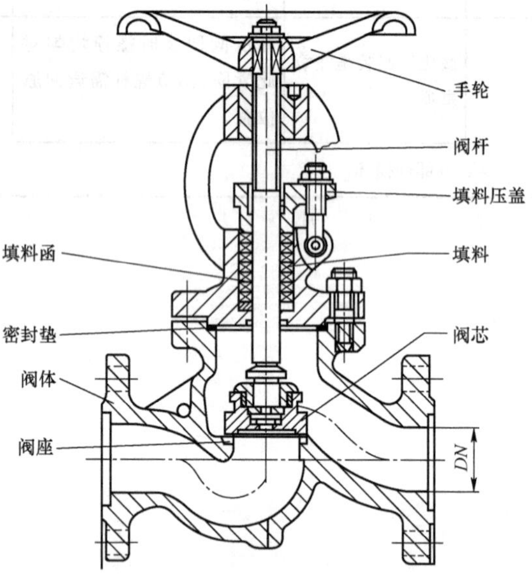

图 1-1　阀门结构

### 1.2　文件准备

手动截止阀解体培训完全模拟现场工作,具有完整的工作包,包括工单、维修规程等。

### 1.3　工器具准备

力矩扳手 5～50 N·m、力矩扳手 60～330 N·m、模拟体、呆梅扳手(S22、S27、S30 各一把)、塞尺、铜丝刷、组合盘根工具、手电、红丹粉、清洗剂、记号笔、回丝布、白布、塑料布、防咬剂、毛刷、百洁布等。

## 1.4　模拟体准备

培训楼 105 模拟体,模拟体处于可用状态。检查模拟体是否有损坏,核实可否正常动作,以确保教学过程的顺利实施。

## 1.5　辐射防护准备

培训楼模拟体无辐射风险,教学过程中需要模拟实施辐射防护,需要说明在现场实际工作中所要采取的防护措施。根据不同的辐射水平,所采取的辐射防护措施也有所不同,具体依照现场工作环境而确定,辐射防护的措施一般有以下内容:

1) 穿戴辐射防护用品,如乳胶手套、口罩、纸衣等;
2) 工作人员佩戴剂量率仪表,控制作业时间,做好防异物措施;
3) 涉及零部件的运出,需要及时办理许可证。

## 1.6　工业安全准备

按照工业安全规定执行,所有人员穿戴劳动保护用品。具体的工业安全准备需根据现场环境而确定,但基本的工业安全需要准备。所有人员必须佩戴安全帽、防砸鞋、工作服、手套等。检修场地使用警示带进行围栏,确保工作过程中无非工作人员进入。

## 1.7　配合人员准备

无。

## 1.8　场地准备

现场铺设白布用于摆放工器具;铺设橡胶板用于放置设备部件;清理场地,确保检修场地无其他异物;合理分配场地,确保工具、设备的合理分布,方便检修;在场地外围布置警示带。

# 第二章　操作实施

## 2.1　操作实施 1　截止阀解体

截止阀解体见表 2-1。

表 2-1　截止阀解体

| 序号 | 操作步骤 | 操作要求 | 测评标准 | 备注 |
|---|---|---|---|---|
| 1 | 设备确认，设备隔离，介质排空 | 此步骤为现场实施，模拟体模拟实施 | 模拟检查 | |
| 2 | 检查设备温度，确认符合开工条件 | 此步骤为现场实施，模拟体模拟实施 | 模拟检查 | |
| 3 | 在阀体和阀盖上做好配合标记 | 用记号笔在阀体与阀盖之间标记，便于回装 | 标记准确，便于识别 | |
| 4 | 测量原始数据 | 测量阀体与阀盖之间的间隙、填料压盖与阀盖之间的间隙 | 测量数据准确，方法得当 | |
| 5 | 微开阀门 | 微开阀门 | 阀门开启方向正确 | |
| 6 | 阀门泄压与隔离有效性检查 | 逐个微微旋松阀盖螺母，微微搬动阀盖上半部分，检查有无介质持续漏出 | 有检查动作 | |
| 7 | 松开阀盖紧固螺母 | 缓慢拆下 | 螺纹不发生损坏 | |
| 8 | 拆下阀盖、阀芯组件 | 将阀盖组件和阀芯一起从阀体中取出，并放在适当的位置，并将阀芯取下 | 取出过程中无部件脱落 | |
| 9 | 封堵阀门开口 | 检查阀腔内初始状态，取下中法兰垫片，使用白布对开口封堵 | 完全封堵 | |
| 10 | 拆下填料压盖 | 按照顺序依次拆下 | 部件不发生拆卸过程中损坏 | |
| 11 | 拆卸填料 | 使用专用工具将填料依次取出，记录填料数量 | 取出过程中不损伤阀杆 | |
| 12 | 拆除手轮 | 部件依次拆除 | 拆除顺序正确 | |
| 13 | 取出阀杆 | 从填料函下部取出阀杆 | 防止阀杆碰擦 | |
| 14 | 零部件放置 | 放置于检修场地 | 整齐放置 | |

## 2.2　操作实施 2　阀门零部件清洗

阀门零部件清洗见表 2-2。

表 2-2　阀门零部件清洗

| 序号 | 操作步骤 | 操作要求 | 测评标准 | 备注 |
| --- | --- | --- | --- | --- |
| 1 | 清洗阀杆与阀芯 | 用白布、清洗剂轻微清洗 | 零部件光滑，无异物 | |
| 2 | 去除封堵，清洗阀体内腔 | 用白布、清洗剂轻微清洗 | 内腔光滑无异物 | |
| 3 | 清理填料函、填料压盖、压套 | 用白布、清洗剂轻微清洗 | 部件表面无异物 | |
| 4 | 检查阀体、阀座 | 目视检查 | 无划痕 | |
| 5 | 检查阀芯密封面 | 目视检查 | 无划痕 | |
| 6 | 检查阀杆 | 目视检查 | 填料密封处损伤，螺纹无损伤，检查阀杆弯曲度 | |
| 7 | 清理打磨各接合面 | 用砂纸轻微打磨 | 结合面无划痕 | |

表 2-3　截止阀清洗与检查

| 检查项目 | 锈蚀 | 磨损 | 划痕 | 吹损 | 弯曲 | 处理情况 |
| --- | --- | --- | --- | --- | --- | --- |
| 阀芯 | | | | | / | |
| 阀座 | | | | | / | |
| 填料函 | | | | | / | |
| 阀杆 | | | | | | |

## 2.3　操作实施 3　红印试验（根据 2.2 检查结果决定是否执行）

红印试验见表 2-4。

表 2-4　红印试验

| 序号 | 操作步骤 | 操作要求 | 测评标准 | 备注 |
| --- | --- | --- | --- | --- |
| 1 | 清洗密封面 | 用白布、清洗剂轻微清洗 | 阀座密封面光洁 | |
| 2 | 组装阀体与手轮机构 | 依次回装手轮及阀芯 | 部件齐全无差错 | |
| 3 | 阀芯涂上红丹粉/蓝油 | 阀芯上涂抹红丹粉，并擦拭均匀 | 红丹粉/蓝油层薄，且均匀 | |
| | 阀杆倒密封涂上红丹粉/蓝油 | 阀杆倒密封涂上红丹粉/蓝油 | 红丹粉/蓝油层薄，且均匀 | |
| 4 | 阀芯放入腔室内 | 安装旧垫片，阀芯放入腔室内，操作手轮将阀门置于半开 | 与阀体不发生接触 | |
| 5 | 安装阀盖 | 手动旋紧阀盖螺栓 | 阀盖已拧紧 | |
| 6 | 红印/蓝油试验 | 缓慢转动手轮将阀门置于全关状态，使密封面接触<br>缓慢转动手轮将阀门置于全开状态，使倒密封的密封面接触<br>将阀门置于半开状态 | 阀门开启及关闭到位，完成后阀门半开 | |

续表

| 序号 | 操作步骤 | 操作要求 | 测评标准 | 备注 |
|---|---|---|---|---|
| 7 | 拆除阀盖 | 手动旋松阀盖螺栓,并取出 | 整体取出阀盖组件 | |
| 8 | 取出阀芯 | 垂直取出阀芯 | 阀芯与阀体不接触 | |
| 9 | 检查密封面的密封线 | 目视检查 | 接触带均匀、连续 | |

## 2.4 操作实施 4 截止阀组装

截止阀组装见表 2-5。

表 2-5 截止阀组装

| 序号 | 操作步骤 | 操作要求 | 测评标准 | 备注 |
|---|---|---|---|---|
| 1 | 检查阀体内腔 | 目视检查 | 干净、无异物 | |
| 2 | 安装密封垫 | 检查密封垫,确认完好 | 检查完好 | |
| 3 | 安装阀盖、阀芯组件 | 将阀芯安装在阀盖组件上,并装入阀体内 | 无碰磨,标记对齐 | |
| 4 | 旋紧阀盖螺母 | 螺栓涂防咬剂,使用力矩扳手分三次紧固至 200 N·m(60→120→200 N·m) | 紧固顺序正确 | |
| 5 | 测量阀盖和阀体之间的间隙 | 使用塞尺确认阀盖和阀体之间的间隙 | 测量正确,与修前一致 | |
| 6 | 安装填料 | 填料依次装入填料函,相互之间错口 120°,使用力矩扳手对称紧固至 40 N·m | 错口符合要求,紧固符合要求 | |
| 7 | 阀门开关检查 | 手动操作阀门,确认操作无卡涩 | 阀门操作顺畅 | |

## 2.5 操作实施 5 现场清理

现场清理见表 2-6。

表 2-6 现场清理

| 序号 | 操作步骤 | 操作要求 | 测评标准 | 备注 |
|---|---|---|---|---|
| 1 | 清理现场 | 清理设备表面,清理检修设备附近区域的异物 | 检修设备无异物 | |
| 2 | 做到工完料尽场地清 | 清理检修完成后的零部件、材料等 | 无零部件、材料遗漏 | |
| 3 | 整理工具 | 整理工具与原始工具清单对比 | 工具使用前后对比符合 | |

## 2.6　关键点

在进行解体过程中,为了保证检修工作顺利进行,必须注意如下的关键点。

1）阀门解体时,阀盖拆除前检查内部介质泄压情况及设备隔离情况。

2）检查阀杆,保证阀杆螺纹完好。

3）红印试验,阀芯上红丹粉应极薄且均匀。阀杆取出时,阀芯与阀座分离后,不能二次接触。

4）回装填料过程中,每装 1 圈填料就要用填料压套、压板压紧,整个过程中应保证填料环与阀杆垂直,操作应小心,避免损坏和污染填料。

5）螺栓力矩紧固时按要求进行对称紧固。

# 第三章　故障检查和处理

针对解体中出现的故障,有如下的判断和解决方法,见表 3-1。

**表 3-1　常见故障现象、判断方法、原因分析和故障排除方法**

| 序号 | 故障现象 | 判断方法 | 故障原因分析 | 故障排除方法 |
| --- | --- | --- | --- | --- |
| 1 | 阀门内漏 | 阀门关闭后,观察下游流量计或者疏水阀后是否有水滴或水流 | 阀座密封面损坏 | 解体阀门研磨阀座、阀芯 |
| 2 | 填料处泄漏 | 填料压盖与轴、阀盖处是否有渗漏 | 填料压盖螺栓力矩不足 | 核实填料力矩 |
|  |  |  | 填料损坏 | 更换填料 |
| 3 | 阀门中法兰处泄漏 | 阀体、阀盖连接处有水滴渗出 | 密封垫损坏 | 重新更换密封垫 |
| 4 | 阀门卡涩 | 阀门开关出现异音 | 填料过紧、填料破损 | 核实填料力矩,检查填料 |

# 第四章　操作结束

## 4.1　解体完成后验证

解体完成后，手动操作阀门进行开关试验，确保阀门开关顺畅无卡涩。

## 4.2　总结培训过程

阀门解体，首先检查阀门隔离情况及内部泄压情况。阀体解体主要步骤为，先取拆开中法兰，取出填料，检查阀座、阀芯的密封，进行红印试验直至合格。依次对各个零部件，清洗，必要时更换零部件。依照解体的反过程，组装阀门并进行各螺栓力矩紧固。

其关键点为：阀座、阀芯红印试验，阀盖、填料回装时的注意事项。

## 4.3　评判

学员对解体过程进行阐述，并说明其中的关键点以及注意事项。教员对学员的陈述简要记录，根据阐述评判学员的掌握情况。其中阀门解体的步骤、回装步骤需要完成阐述。教员指出学员阐述过程中的错误以及需要注意的事项，并且依据评判表，对学员的学习情况作出整体评判。

## 4.4　清理现场

工作结束后，做到工完料尽场地清，对检修后的物资设备进行分类。工具整理并与工具清单进行对比，确保工具无缺失，并检查工具的可用性，记录损坏情况并汇报。对更换的领料物资与领料单进行核实，确保所有可更换的物资已更换。更换下来的设备零部件进行后续处理，修复或者直接报废。清理工作过程中的耗材，要进行分类处理，放置到对应的塑料袋中。清理现场的塑料布、橡胶板，必要时用白布清理现场。

## 4.5　工后会

工后会是对整个工作的过程的回顾以及必要的经验反馈

回顾工作过程：工作许可证已归还，场地已清理，设备标牌完好，对检修任务进行评价，是否达到预期的目的，工器具已经归还。

工作后的经验反馈是对以后同类型的阀门工作的经验积累，以提高工作的检修技能，能够更好地完成检修工作，其主要有以下内容：

1）工期是否安排合理；

2）工作人员是否配备充足；

3）工作文件的合理性；

4）工作人员的检修技能是否满足要求；

5）文件是否需要升版；

6）检查过程中的异常；

7）工作的经验反馈。

# 第五章　经验反馈

## 5.1　阀杆及填料压盖拉伤

现象：解体时发现填料压套内壁及阀杆严重划伤(见图 5-1)。

原因：填料压套与阀杆安装不当或阀杆弯曲，导致填料压套与阀杆产生碰磨，在阀门动作过程中相互摩擦造成划伤。

经验教训：阀门组装前检查阀杆的弯曲度，紧固填料压盖时注意控制压套与轴的间隙是否均匀。在开关试验时注意检查阀杆的动作情况。

图 5-1　阀杆解体

## 5.2 阀门关闭时因关闭力矩过大导致阀杆驱动套断裂

现象:阀门在运行期间出现阀杆驱动套断裂(见图 5-2)。

原因:阀门关闭时借用外力(如 F 扳手等),关闭力矩过大,导致驱动套在运行期间在较大应力的影响下出现断裂。

经验教训:各类手动阀均有开启、关闭力矩要求,不得超力矩进行使用。

图 5-2 阀杆驱动套

# 第六章　习　题

## 6.1　选择题

1. 阀座缺陷的主要处理方式主要为(B)。

A. 更换　　　　　B. 研磨　　　　　C. 车削

2. 阀门阀芯与阀座的密封性检查方法(B)。

A. 目视检查　　　B. 红印试验或蓝油试验

3. 截止阀的特点(B)。

A. 流体阻力小、启闭力矩大

B. 流体阻力大、启闭力矩小、密封面机械磨损小

## 6.2　填空题

1. 截止阀的阀杆通过____与阀体之间进行密封。

答:填料

2. 截止阀中法兰螺栓通过____保证紧固度。

答:力矩

3. 红印试验时,红印涂抹____。

答:极薄且均匀

## 6.3　简答题

简述截止阀解体及回装过程。

答:1) 设备确认,设备隔离,介质排空;检查设备温度,确认符合开工条件。

2) 在阀体和阀盖上做好配合标记;测量原始数据。

3) 微开阀门。

4) 阀门泄压与隔离有效性检查。

5) 松开阀盖紧固螺母。

6) 拆下阀盖、阀芯组件。

7) 封堵阀门开口。

8) 拆下填料压盖及拆卸填料。

9) 拆除手轮,取出阀杆。

10) 清洗阀杆与阀芯;清洗阀体内腔;清理填料函、填料压盖、压套。

11) 检查阀体、阀座;检查阀芯密封面;检查阀杆。

12）清理打磨各接合面;清洗密封面。

13）组装阀体与手轮机构。

14）红印/蓝油试验。

15）检查清理阀体内腔。

16）安装密封垫;安装阀盖、阀芯组件。

17）旋紧阀盖螺母;测量阀盖和阀体之间的间隙。

18）安装填料。

19）阀门开关检查。

# 第七部分　闸阀维修

## 第一章　操作准备

### 1.1　原理描述

#### 1.1.1　阀门的定义

闸阀,也叫闸板阀、闸门阀,是广泛使用的一种阀门。闸阀的工作原理:闸阀的启闭件是闸板,闸板的运动方向与流体方向相垂直,闸阀只能作全开和全关,不能作调节和节流。

#### 1.1.2　阀门型号编制方法

当今阀门的类型和材料种类越来越多,阀门型号的编制也越来越复杂;阀门型号通常应表示阀门类型、驱动方式、连接形式、结构特点、公称压力、密封面材料、阀体材料等要素。阀门型号的标准化对阀门的设计、选用、经销,提供了方便。我国虽然有阀门型号编制的统一标准,但逐渐不能适应阀门工业发展的需要;目前,阀门制造厂一般采用统一的编号方法(见图 1-1);不能采用统一编号方法的,各生产厂家可按自己的情况制订出编号方法。

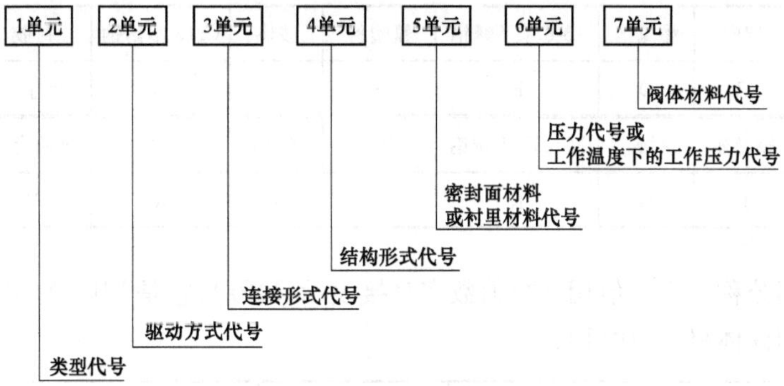


图 1-1　阀门编号方法

1 单元阀门类型(代号):

| 类型 | 蝶阀 | 安全阀 | 隔膜阀 | 球阀 | 闸阀 | 止回阀 | 旋塞阀 | 减压阀 | 截止阀 | 过滤器 | 放料阀 | 安全阀 |
|---|---|---|---|---|---|---|---|---|---|---|---|---|
| 代号 | D | A | G | Q | Z | H | X | Y | J | GL | FL | A |

2 单元阀门传动方式(代号)：

| 传动方式 | 电磁动 | 电磁-液动 | 电-液动 | 蜗轮 | 正齿轮 | 伞齿轮 | 气动 | 液动 | 气-液动 | 电动 | 手柄手轮 |
|---|---|---|---|---|---|---|---|---|---|---|---|
| 代号 | 0 | 1 | 2 | 3 | 4 | 5 | 6 | 7 | 8 | 9 | 无代号 |

3 单元阀门连接方式(代号)：

| 连接方式 | 内螺纹 | 外螺纹 | 两不同连接 | 法兰 | 焊接 | 对夹 | 卡箍 | 卡套 |
|---|---|---|---|---|---|---|---|---|
| 代号 | 1 | 2 | 3 | 4 | 6 | 7 | 8 | 9 |

4 单元阀门结构形式(代号)：

<table>
<tr><th colspan="4">闸阀结构形式</th><th>闸阀代号</th></tr>
<tr><td rowspan="5">阀杆升降式(明杆)</td><td rowspan="3">楔式闸板</td><td colspan="2">弹性闸板</td><td>0</td></tr>
<tr><td rowspan="8">刚性闸板</td><td>单闸板</td><td>1</td></tr>
<tr><td>双闸板</td><td>2</td></tr>
<tr><td rowspan="2">平行式闸板</td><td>单闸板</td><td>3</td></tr>
<tr><td>双闸板</td><td>4</td></tr>
<tr><td rowspan="4">阀杆非升降式<br>(暗杆)</td><td rowspan="2">楔式闸板</td><td>单闸板</td><td>5</td></tr>
<tr><td>双闸板</td><td>6</td></tr>
<tr><td rowspan="2">平行式闸板</td><td>单闸板</td><td>7</td></tr>
<tr><td>双闸板</td><td>8</td></tr>
</table>

5 单元阀门密封材质(代号)：

| 材料 | 巴氏合金 | 搪瓷 | 渗氮钢 | 18-8 系不锈钢 | 氟塑料 | 玻璃 | Cr13 不锈钢 | 衬胶 | 蒙乃尔合金 |
|---|---|---|---|---|---|---|---|---|---|
| 代号 | B | C | D | E | F | G | H | J | M |
| 材料 | 尼龙塑料 | 蒙乃尔 | 衬铅 | Mo2Ti 不锈钢 | 塑料 | 铜合金 | 橡胶 | 硬质合金 | 阀体直接加工 |
| 代号 | N | P | Q | R | S | T | X | Y | W |

6 单元阀门公称压力数值用阿拉伯数字直接表示(MPa)，它是 MPa 的 10 倍。

7 单元阀门阀体材料(代号)：

| 阀体材料 | 钛及钛合金 | 碳钢 | Cr13 系不锈钢 | 铬钼钢 | 可锻铸铁 | 铝合金 |
|---|---|---|---|---|---|---|
| 代号 | A | C | H | I | K | L |
| 阀体材料 | 球墨铸铁 | Mo2Ti 系不锈钢 | 塑料 | 铜及铜合金 | 18-8 系不锈钢 | 灰铸铁 |
| 代号 | Q | R | S | T | P | Z |

### 1.1.3 基本原理

闸阀的工作原理:闸阀的启闭件是闸板,闸板的运动方向与流体方向相垂直,闸阀只能作全开和全关,不能作调节和节流。闸阀关闭时,密封面可以只依靠介质压力来密封,即依靠介质压力将闸板的密封面压向另一侧的阀座来保证密封面的密封,这就是自密封。大部分闸阀是采用强制密封的,即阀门关闭时,要依靠外力强行将闸板压向阀座,以保证密封面的密封性。

### 1.1.4 闸阀的优点

流体阻力小;启、闭所需力矩较小(不包括密封面咬住等特殊情况);可以使用在介质向两方向流动的环网管路上,也就是说介质的流动方向不受限制;全开时,密封面受工作介质的冲蚀比截止阀小;形体结构比较简单,制造工艺性较好;结构长度比较短,不仅适合做小阀门,而且适合做大阀门。

### 1.1.5 闸阀的缺点

外形尺寸和开启高度较大,需要的安装空间也较大;在启闭过程中,密封面相对磨损较大,甚至在高温时容易出现擦伤现象;一般闸阀都有两个密封面,加工、研磨和维修难度较大;不适用于含悬浮物和析出结晶的介质;难于用非金属耐腐蚀材料来制造;启闭时间长。

### 1.1.6 按闸板的结构分类

平行式:密封面与垂直中心线平行,一般做成双闸板。撑开两个闸板,使其与阀座密封面可靠密合,一般是用顶楔来实现的,除上图所示上顶式之外,还有下顶式,如图 1-2 所示。有的阀门也用弹簧,如图 1-3。

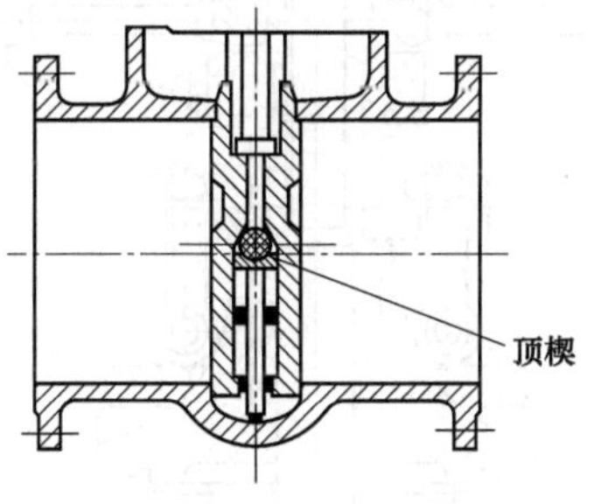


图 1-2 下顶式双闸板

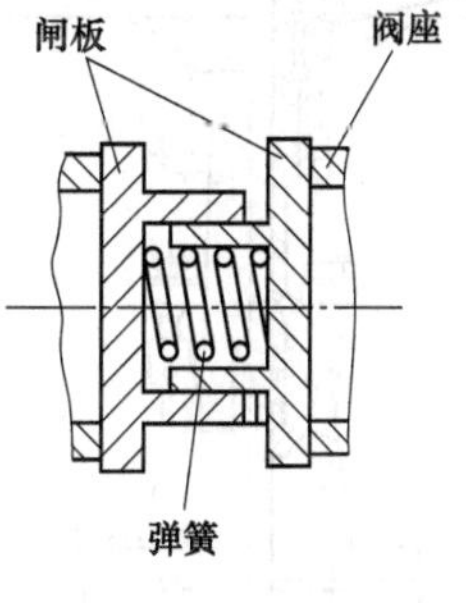


图 1-3 弹簧式双闸板

楔式:密封面与垂直中心线成一角度,即两个密封面成楔形。楔形倾角的大小,要看介质的温度;一般来说,温度越高,倾角越大,以防温度变化时卡住。楔式闸阀有双闸板(图 1-4)和单闸板(图 1-5)两种。

弹性闸阀:楔式单闸阀的一种,它能依靠闸阀的弹性变形,来弥补制造中密封面的微量误差。如图 1-6 所示。注意闸板形状,它的周围留有孔隙,因此许可产生一定变形。

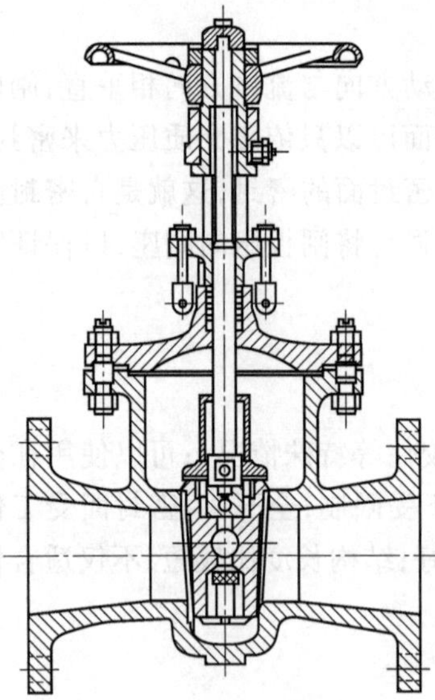

图 1-4 楔式双闸板阀门

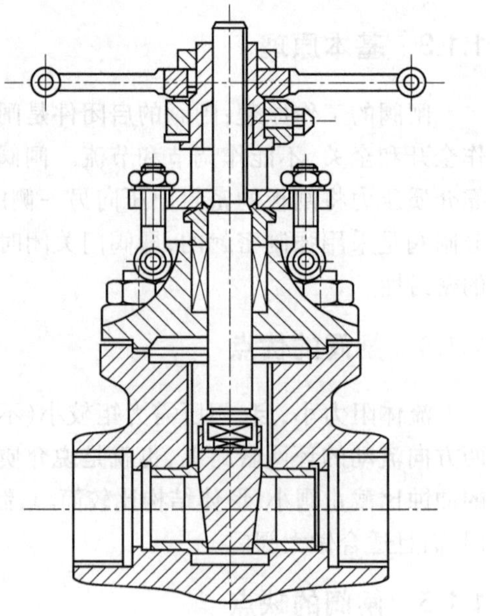

图 1-5 楔式单闸阀

### 1.1.7 按阀杆上螺纹的位置分类

明杆式:阀杆螺纹露在上部,与之配合的阀杆螺母装在手轮中心,旋转手轮就是旋转螺母,从而使阀杆升降。如图 1-7 所示。这种阀门,启闭程度可以从螺纹中看出,便于操作;对于阀杆螺纹的润滑和检查很方便;特别是螺纹与介质不接触,可避免腐蚀性介质的腐蚀,所以石油化工管道中采用较多。但螺纹外露,容易粘上空气中的尘埃,加速磨损,故应尽量安装于室内。

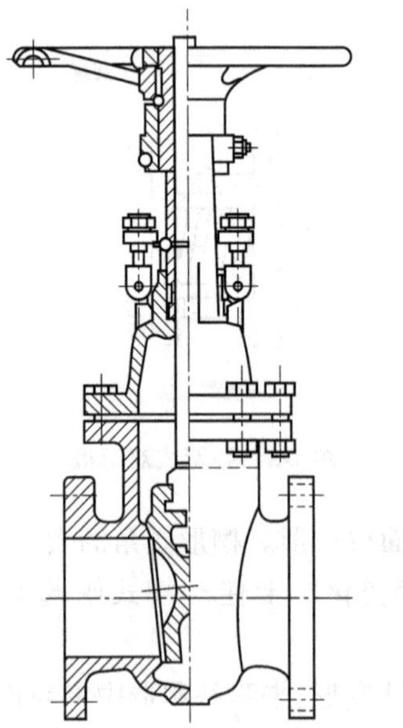

图 1-6 弹性闸阀

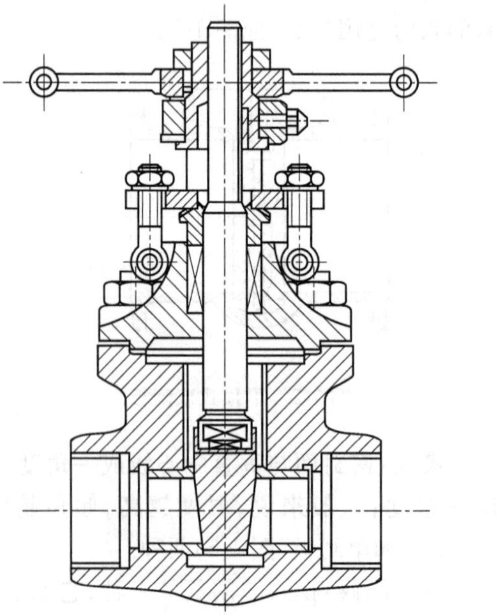

图 1-7 明杆式闸阀

暗杆式:阀杆螺纹在下部,与闸板中心螺母配合,升降闸板依靠旋转阀杆来实现,而阀杆本身看不出移动。如图 1-8 所示。这种阀门的唯一优点是,开启时阀杆不升高,适合于安装在操作位置受到限制的地方。它的缺点很明显,启闭程度难以掌握,阀杆螺纹与介质接触,容易腐蚀损坏。

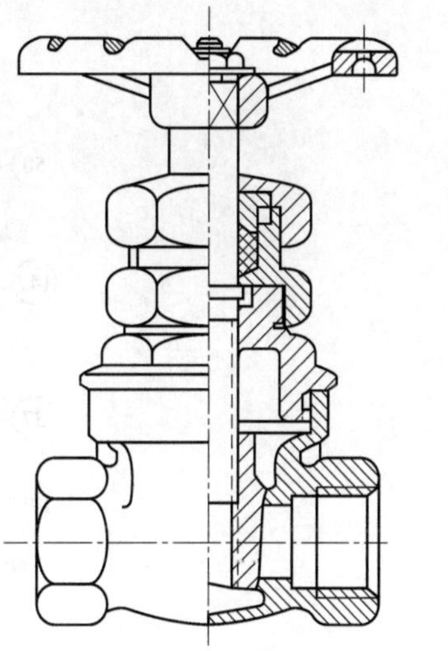

图 1-8 暗杆式闸阀图

## 1.1.8 按驱动方式分类

手动闸阀:人力通过手轮驱动阀杆实现阀门的启闭动作。结构简单,检修方便,对使用环境的要求不大。它的明显缺陷,启闭时的动作不太平顺。如图 1-9 所示。

电动闸阀:通过电机驱动阀杆实现阀门的启闭。电动阀门动作力矩比手动阀门大,操作方便,启闭时的动作比较平顺。它的明显缺点是结构复杂,对检修人员的技术水平要求相对较高。如图 1-10 所示。

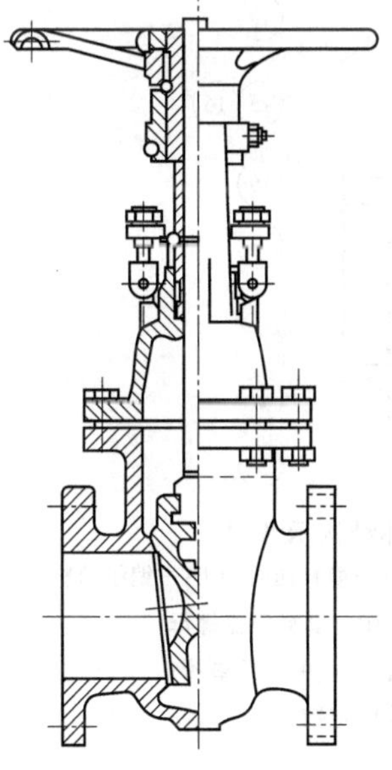

图 1-9 手动闸阀图

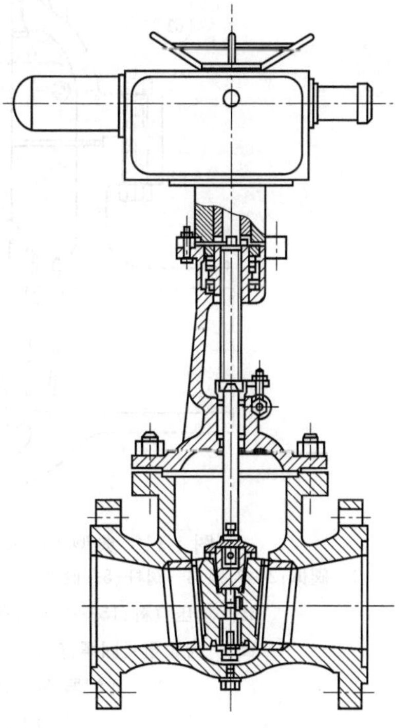

图 1-10 电动闸阀图

## 1.1.9 核电常见闸阀结构图

典型 Velan 非核级电动闸阀阀体结构示意图。如图 1-11 所示。

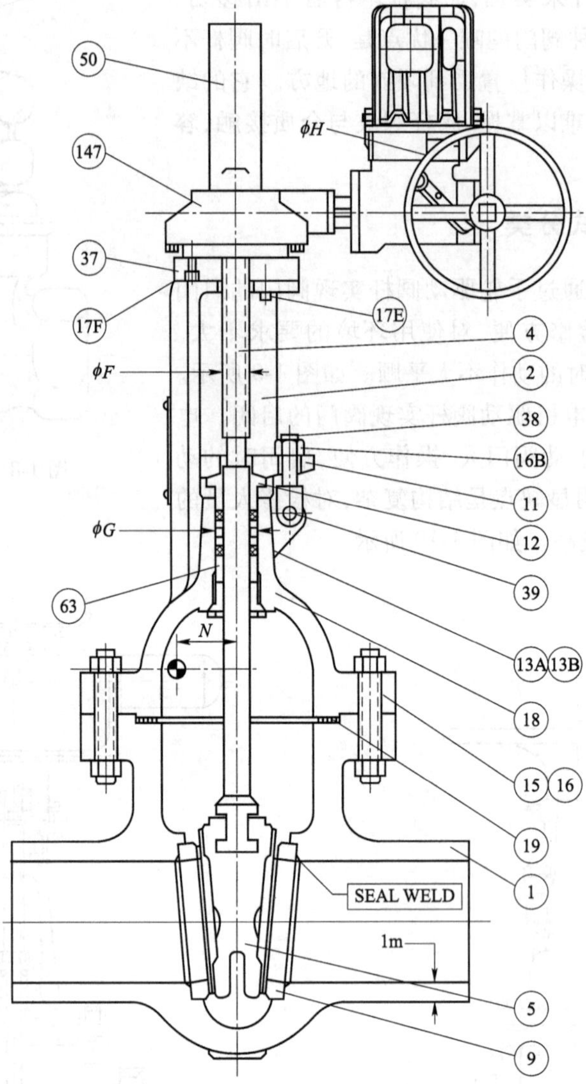


图 1-11 典型 Velan 非核级电动闸阀阀体结构示意图

1—阀体;2—轭架;4—阀杆;5—阀芯;9—阀座;11—填料压盖;12—填料压套;13A—编织填料;13B—模压填料;15—中法兰螺栓;16—中法兰螺母;16B—填料压盖螺母;17E—齿轮箱紧固螺钉;17F—适配器螺钉;18—阀盖;19—中法兰垫片;37—适配器;38—填料压盖螺栓;39—螺栓固定销;50—阀杆保护罩;63—填料底环

## 1.2 文件准备

闸阀培训首先介绍闸阀的一般知识,再对闸阀的结构和工作原理进行讲解,讲解时参考秦山三厂《98-70830-MP-1262A R2 Velan 非核级电动闸阀维修规程》《Velan 闸阀阀体结构示意图 98-70830-6610-7-DD-B》、工前会、工后会表格,设备信息收集单等。

## 1.3 工器具准备

手拉葫芦 2T×3M 一个,2T 卸扣 2 个,3/4"力矩扳手一把,英制套筒头 1 套,梅花敲击扳手(根据实际阀门螺栓尺寸选用)1 把,游标卡尺 150 mm 1 把,塞尺 1 把,组合盘根工具 22 件/套 1 套,英制呆梅扳手组套(3/8"至 1-1/4"),中齿平锉 1 把,英制内六角扳手组套(1/8"-3/8";7 件/套)。

## 1.4 模拟体准备

培训楼 105 模拟体,模拟体处于可用状态。检查模拟体是否有损坏,核实可否正常动作,以确保教学过程的顺利实施。

## 1.5 辐射防护准备

培训楼 105 模拟体无辐射风险,教学过程中需要模拟实施辐射防护,需要说明在现场实际工作中所要采取的防护措施。根据不同的辐射水平,所采取的辐射防护措施也有所不同,具体依照现场工作环境而确定,辐射防护的措施一般有以下内容:

1) 穿戴辐射防护用品,如乳胶手套、口罩、纸衣等;

2) 现场铺设塑料布,放置塑料袋;工作人员佩戴剂量率仪表,控制作业时间,做好防异物措施;

3) 研磨之前需对阀体内腔进行清理,研磨之后需对研磨工具进行辐射检测并清理;涉及零部件的运出,需要及时办理许可证。

## 1.6 工业安全准备

按照工业安全规定执行,所有人员穿戴劳动保护用品。具体的工业安全准备需根据现场环境而确定,但基本的工业安全需要准备。所有人员必须佩戴安全帽、防砸鞋、工作服、手套等。检修场地使用警示带进行围栏,确保工作过程中无非工作人员进入。设备起吊、放置过程中,确保吊带绑扎牢固,防止设备掉落。

## 1.7 配合人员准备

模拟体无配合人员。在现场实际情况如有保温、高处作业等,需要联系保温工和架子工拆除保温和搭设脚手架;如是电动阀门,还需要电气人员配合断开控制电源,并拆除电动执行机构的接线,便于拆除电动执行机构。

## 1.8　场地准备

场地外围布置警示带,建立检修隔离区;现场铺设白布用于摆放工器具;铺设橡胶板用于放置气动执行机构和其他拆除的零部件;清理场地,确保检修场地无其他异物;合理分配场地,确保工具、设备的合理分布,方便检修。

# 第二章　操作实施

## 2.1　阀门的解体

阀门的解体见表 2-1。

**表 2-1　阀门解体**

| 序号 | 操作步骤 | 操作要求 | 工器具 | 测评标准 | 备注 |
|---|---|---|---|---|---|
| 1 | 确认电动头电气接线已经断开 | 检查电气接线断开情况 |  | 有检查动作 |  |
| 2 | 手动将阀门打开至微开状态 | 手动摇开阀门 |  | 有摇开阀门动作 |  |
| 3 | 在电动头和阀杆连接处做配合标记 | 用记号笔在电动头驱动杆和阀杆连接处做好配合标记 | 记号笔 | 标记位置正确 |  |
| 4 | 拆除电动头连接 | 在电动头上绑好吊带，使用开口扳手断开阀杆连接夹和轭架螺栓 | 吊带、葫芦、开口扳手 | 正确捆绑吊带和葫芦，使用正确的扳手 |  |
| 5 | 旋下电动头 | 一名人员手动缓慢朝阀门关闭方向旋转电动头的手轮，使电动头缓慢上升，脱离阀体，同时另一名人员缓慢拉紧手拉葫芦，配合电动头上升，使吊带始终处于刚好张紧的状态 | 葫芦 | 电动头旋转方向正确，旋转过程中要始终保持吊带的张紧状态 |  |
| 6 | 用吊带固定住阀体 | 将吊带穿过轭架上部的通孔处并均匀兜住，然后把吊带挂在葫芦上，调整手拉葫芦和阀体重心在同一直线上，然后稍稍拉紧葫芦 | 吊带、葫芦 | 吊带捆绑正确 |  |
| 7 | 做好阀盖与阀体配合标记 | 用记号笔在阀盖和阀体配合面处做好标记，测量中法兰 0°、90°、180°、270°四个位置的间隙 | 记号笔、塞尺 | 配合标记完整，且有间隙测量结果 |  |
| 8 | 拆下中法兰螺母 | 用敲击扳手一次松开中法兰螺母 | 敲击扳手、手锤 | 能松开螺母 |  |
| 9 | 吊起阀盖组件 | 用手拉葫芦拉紧吊带，将阀盖组件整体吊起，并将阀芯阀杆从中抽出，摆放在橡胶皮上 | 葫芦、吊带 | 能取出阀芯阀杆组件，并保护好阀芯密封面 |  |
| 10 | 拆除轭架螺栓 | 使用扳手拆除轭架螺栓 | 开口扳手 | 轭架螺栓拆除 |  |
| 11 | 取下阀杆螺母组件 | 顺时针旋转锥齿轮盖，取下阀杆螺母 |  | 能旋下锥齿轮 |  |
| 12 | 拆除填料组件 | 使用开口扳手拆下填料压盖螺母，取下填料压盖和压套，用组合盘根工具依次取出编织、成型和编织填料，取出填料底环 | 开口扳手、盘根工具 | 能取出填料 |  |

## 2.2 阀门各零部件清洗

阀门各零部件清洗见表 2-2。

**表 2-2 阀门各零部件清洗**

| 序号 | 操作步骤 | 操作要求 | 工器具 | 测评标准 | 备注 |
|---|---|---|---|---|---|
| 1 | 清理检查阀杆 | 使用清洗剂及白布清理阀杆，并检查阀杆有无划痕、弯曲 | 清洗剂、白布 | 有清理、检查动作 | |
| 2 | 清理检查阀盖 | 使用清洗剂清理阀盖和阀盖密封面，并对垫片进行检查 | 清洗剂、百洁布 | 有清理、检查动作 | |
| 3 | 清理检查阀体内部和阀座密封面 | 检查阀体内部有无腐蚀情况，检查阀座密封面有无划痕、腐蚀和凹坑 | 清洗剂、白布 | 检有清理、检查动作 | |
| 4 | 清理检查阀芯密封面 | 检查阀芯密封面有无凹坑、点蚀和划痕 | 清洗剂、白布 | 有清理、检查动作 | |
| 5 | 清理所有螺栓螺母 | 用钢丝刷清理干净所有螺栓螺母的螺纹 | 清洗剂、钢丝刷 | 有清理、检查动作 | |
| 6 | 清理检查填料函内壁 | 用清洗剂清理干净填料函后，检查填料函内壁有无划痕、毛刺 | 清洗剂、百洁布 | 有清理、检查动作 | |

## 2.3 阀体回装

阀体回装见表 2-3。

**表 2-3 阀体回装**

| 序号 | 操作步骤 | 操作要求 | 工器具 | 测评标准 | 备注 |
|---|---|---|---|---|---|
| 1 | 防异物检查 | 确认阀体内部、阀芯密封面以及附近管道内干净无异物 | | 有检查动作，阀体内无异物 | |
| 2 | 涂抹防咬剂 | 在中法兰螺栓(15)螺纹上均匀涂抹一薄层防咬剂 N5000 | 防咬剂 N500 | 有涂抹防咬剂动作，均匀、薄层 | |
| 3 | 回装阀杆和阀芯组件 | 将阀杆和阀芯慢慢吊入阀体中，检查阀芯阀座密封面配合情况 | 吊带、葫芦 | 无磕碰 | |
| 4 | 回装中法兰垫片 | 安装新的中法兰垫片 | 垫片 | 安装前检查垫片备件，垫片安装到位 | |
| 5 | 回装阀盖组件 | 将阀盖组件吊至阀体上方，使阀盖中心与阀杆对齐，缓缓下降，直至阀盖穿过阀杆，座落到阀体上，并确认初始标记是否配合 | 吊带、葫芦 | 阀盖吊装位置正确，安装到位正确 | |

续表

| 序号 | 操作步骤 | 操作要求 | 工器具 | 测评标准 | 备注 |
|---|---|---|---|---|---|
| 6 | 回装中法兰螺栓和螺母 | 回装中法兰螺栓和螺母，并手动拧紧 | | 中法兰螺栓螺母均匀上紧 | |
| 7 | 回装填料组件 | 放入填料底环，放入底层编织填料、成型填料、编织填料，填料压套和压盖，并在填料压盖螺栓上涂抹一薄层防咬剂，用力矩扳手上紧螺母 | 填料、防咬剂 N5000、力矩扳手 | 填料放置顺序正确：编织、成型、编织；编织切口错开 120°；力矩分 3 次对角上紧 | |
| 8 | 回装电动头 | 吊起电动头，将其螺母与下方阀杆对中，旋入阀杆后，手动转动手轮，使电动头缓缓降到轭架上，并与原始标记配合，装上阀杆螺母组件 | 吊带、葫芦 | 电动头能回装到位 | |
| 9 | 安装轭架螺栓 | 安装轭架螺栓，并对称拧紧 | 力矩扳手 | 轭架螺栓分 2 次对称紧固到位 | |

## 2.4　实施中需要特别注意的几个关键点

在进行解体过程中，为了保证检修工作顺利进行，必须注意如下的关键点，并作为此次解体过程中的应知应会内容。

1）吊带捆好后必须使电动头重心平衡，以免在拆除电动头时电动头歪斜或倾翻。

2）涂抹螺栓防咬剂时，应涂抹薄薄一层，不可涂抹太多。

3）提出阀盖组件时，可能会连阀杆阀芯一起提起，要注意此时对阀座密封面进行保护。

4）回装阀杆填料时，填料开口要错开 120°。

# 第三章　故障检查和处理

## 3.1　常见故障现象和判断方法检查和处理

常见故障现象和判断方法检查和处理见表 3-1。

**表 3-1　常见故障现象和判断方法检查和处理**

| 序号 | 故障现象 | 判断方法 | 故障原因分析 | 故障排除方法 |
|---|---|---|---|---|
| 1 | 阀门内漏 | 阀门关闭后，观察下游流量计或者疏水阀后是否有水滴或水流 | 阀座密封面损坏 | 解体阀门研磨阀座、阀瓣 |
| 2 | 填料处泄漏 | 填料压盖与轴、阀盖处是否有渗漏 | 填料压盖螺栓力矩不足 | 核实填料力矩 |
| | | | 填料损坏 | 更换填料 |
| 3 | 阀门无法全关 | 阀门关闭时，阀门无法接触到关限位开关 | 手轮未在中性点位置 | 重置手轮至中性点位置 |
| | | | 填料过紧 | 核实填料力矩 |

## 3.2　特殊故障现象和判断方法

同上。

## 3.3　特殊故障原因分析和故障排除方法

同上。

# 第四章 操作结束

## 4.1 解体完成后验证

解体完成后，电气人员配合回装电气接线。对于模拟体需要验证阀门是否可以全行程开关，手动开启阀门至全开，再手动至全关，全行程开关无卡涩现象。对于现场实施工作，要电动开启、关闭阀门，检查行程、开关时间是否满足，必要时调整直至合格。

## 4.2 总结培训过程

阀门解体，首先断开连接器，分离阀体与执行机构后，再进行阀体解体。阀体解体主要步骤为：先取出填料，切割密封焊，再整体取出阀盖、阀杆阀瓣组件，检查阀座、阀瓣的密封，必要时进行研磨，抛光，进行蓝印试验直至合格。

其关键点为：阀座、阀瓣研磨，蓝印试验，填料回装时的注意事项。

## 4.3 评判

学员对解体过程进行阐述，并说明其中的关键点以及注意事项。教员对学员的陈述简要记录，根据阐述评判学员的掌握情况。其中阀门解体的步骤需要完成阐述。教员指出学员阐述过程中的错误以及需要注意的事项，并且依据评判表，对学员的学习情况做出整体评判。

## 4.4 清理现场

工作结束后，做到工完料尽场地清，对检修后的物资设备进行分类。工具整理并与工具清单进行对比，确保工具无缺失，并检查工具的可用性，记录损坏情况并汇报。对更换的领料物资与领料单进行核实，确保所有可更换的物资已更换。对更换下来的设备零部件进行后续处理，修复或者直接报废。对清理工作过程中的耗材，进行分类处理，放置到对应的塑料袋中。清理现场的塑料布、橡胶板，必要时用白布清理现场。

## 4.5 工后会

工后会是对整个工作的过程的回顾以及必要的经验反馈。

回顾工作过程：工作许可证已归还，场地已清理，设备标牌完好，对检修任务进行评价，是否达到预期的目的，试验设备与工器具已经归还。

工作后的经验反馈是对以后同类型的阀门工作的经验积累,以提高工作的检修技能,能够更好地完成检修工作,其主要有以下内容:

1) 工期是否安排合理;

2) 工作人员是否配备充足;

3) 工作文件的合理性;

4) 工作人员的检修技能是否满足要求;

5) 规程、图纸是否需要升版;

6) 检查过程中的异常;

7) 工作的经验反馈;

8) 协调事项。

# 第五章 经验反馈

某电厂大修期间解体主汽阀两台油控跳闸阀发现，两台阀门的阀体与阀座密封面均存在介质吹蚀痕迹，其中 4GPV013VL 有三处，均已贯穿，宽 6～10 mm 不等，深 5～8 mm 不等；4GPV014VL 有四处，宽 3～5 mm 不等，深 0.5～1 mm 不等。

两台阀门的阀芯与阀座密封面也存在介质吹蚀痕迹，亦贯穿密封面。

此阀门的阀座与阀体之间靠垫片密封，阀座与阀体间吹蚀可能由于垫片缺陷或者垫片压缩量不足造成密封不严所致。

阀芯与阀座间密封由油压克服弹簧弹力提供密封力，可能由于阀座与阀体密封面吹蚀导致阀芯阀座接触密封不良产生漏气从而导致阀芯阀座密封面吹蚀。

# 第六章　习　题

## 6.1　选择题

1. 闸阀的优点主要有(A)。

A. 流体阻力小　　B. 有方向性　　C. 开启高度不大　　D. 操作快

2. 闸阀按照阀杆上螺纹位置可分为(B)。

A. 平行式、楔式　　B. 明杆式、暗杆式

C. 直通式、直流式　　D. 浮动式、固定式

3. 闸阀的共同缺点有(C)。

A. 开关费力　　B. 启闭时间短　　C. 高度大　　D. 体积较大

## 6.2　判断题

1. 闸阀的闭合原理是闸板密封面与阀座密封面高度光洁、平整与一致,互相贴合,可切断介质,并依靠顶楔、弹簧或闸板的楔形,来增强密封效果。　(√)

2. 暗杆式闸阀可用于石油化工管道中。　(×)

3. 明杆式闸阀的开关程度很容易看出。　(√)

## 6.3　简答题

1. 闸阀的定义是什么?

答:闸阀,也叫闸板阀、闸门阀,是广泛使用的一种阀门。闸阀的工作原理:闸阀的启闭件是闸板,闸板的运动方向与流体方向相垂直,闸阀只能作全开和全关,不能作调节和节流。

2. 本文中闸阀有哪几种分类方式?分别有哪些?

答:1)按照阀杆上螺纹位置分类:明杆式、暗杆式;

2) 按照闸板结构分类:平行式、楔式;

3) 按驱动方式分类:手动闸阀、电动闸阀。

3. 闸阀的主要缺点有哪些?

答:流体阻力小;启、闭所需力矩较小(不包括密封面咬住等特殊情况);可以使用在介质向两方向流动的环网管路上,也就是说介质的流动方向不受限制;全开时,密封面受工作介质的冲蚀比截止阀小;形体结构比较简单,制造工艺性较好;结构长度比较短,不仅适合做小阀门,而且适合做大阀门。

## 6.4 实操题

**鉴定点:VELAN 非核级电动闸阀体解体**

**试题 1:VELAN 非核级电动闸阀体解体**

1. 准备要求

考场准备:

(1) 试题名称:VELAN 非核级电动闸阀体解体

(2) 本题分值:20

(3) 考核时间:120 min

(4) 考核形式:实操

(5) 设备设施准备

| 序号 | 名称 | 规格 | 单位 | 数量 | 备注 |
|---|---|---|---|---|---|
| 1 | 模拟体 | | 台 | 1 | 教学用模拟体一台 |
| 2 | 工器具等 | | 套 | 1 | 解体用工具,见 1.3 节 |

考生准备:

(1) 试题名称:VELAN 非核级电动闸阀体解体

(2) 本题分值:20

(3) 考核时间:120 min

(4) 考核形式:实操

(5) 工具及其他准备:无

2. 考核要求

(1) 本题分值:20

(2) 考核时间:120 min

(3) 考核形式:实操

(4) 具体考核要求:根据解体阀体,熟悉其关键点,阀门解体需标记位置,解体过程大致步骤

(5) 否定项说明:无

3. 配分与评分标准

| 序号 | 考核内容 | 考核要点 | 配分 | 评分标准 | 扣分 | 得分 |
|---|---|---|---|---|---|---|
| 1 | 阀门解体前准备 | 确定阀门阀体解体前的准备工作是否充分 | | 1. 未模拟检查隔离状态扣 1 分;<br>2. 未说明拆除电气装置扣 2 分。 | | |
| 2 | 吊下执行机构 | 熟悉执行机构与阀体分离的关键点 | | 1. 未做标记扣 2 分;<br>2. 执行机构与阀体发生碰撞扣 2 分。 | | |
| 3 | 阀体解体 | 熟悉阀体解体中的关键步骤 | | 1. 填料压盖未拆除扣 2 分;<br>2. 中法兰螺栓未拆除扣 2 分;<br>3. 阀杆与阀芯未取出扣 2 分。 | | |

续表

| 序号 | 考核内容 | 考核要点 | 配分 | 评分标准 | 扣分 | 得分 |
|---|---|---|---|---|---|---|
| 4 | 清洗零部件 | 熟悉阀门该清理的各个零部件 | | 1. 未对填料函清理扣2分；<br>2. 未对阀杆清理扣2分；<br>3. 未对阀体内部及阀座密封面清理扣2分；<br>4. 未对阀芯密封面清理扣2分；<br>5. 未对螺栓螺母清理扣2分。 | | |
| 5 | 回装阀体 | 熟悉阀门回装的关键步骤 | | 1. 未回装阀芯、阀杆扣2分；<br>2. 未回装阀盖扣2分；<br>3. 未分3次对称紧固中法兰力矩扣2分；<br>4. 编织填料摆放时未错开120°扣2分；<br>5. 未回装填料压盖扣2分。 | | |
| 6 | 回装执行机构 | 熟悉执行机构与阀体回装的关键点 | | 1. 回装未对上标记扣2分；<br>2. 执行机构与阀体发生碰撞扣2分。 | | |

否定项：1. 起吊过程中，设备掉落；

2. 没有作好防异物措施

评分人：　　年　月　日　　　　核分人：　　年　月　日

# 第八部分　单级悬臂式离心泵对中装置

## 第一章　操作准备

### 1.1　原理描述

#### 1.1.1　悬臂泵的结构及特点

悬臂泵主要由泵体、泵盖、叶轮、泵轴、轴封、轴承和托架组成。泵盖固定在泵体上，泵体固定在托架上，在托架内装有支撑泵轴的轴承。轴封采用机械密封或填料密封，在叶轮上多采用平衡孔或采用平衡管来平衡轴向力。叶轮悬臂地固定在泵轴上，所以称为单级悬臂式离心泵(见图 1-1)。

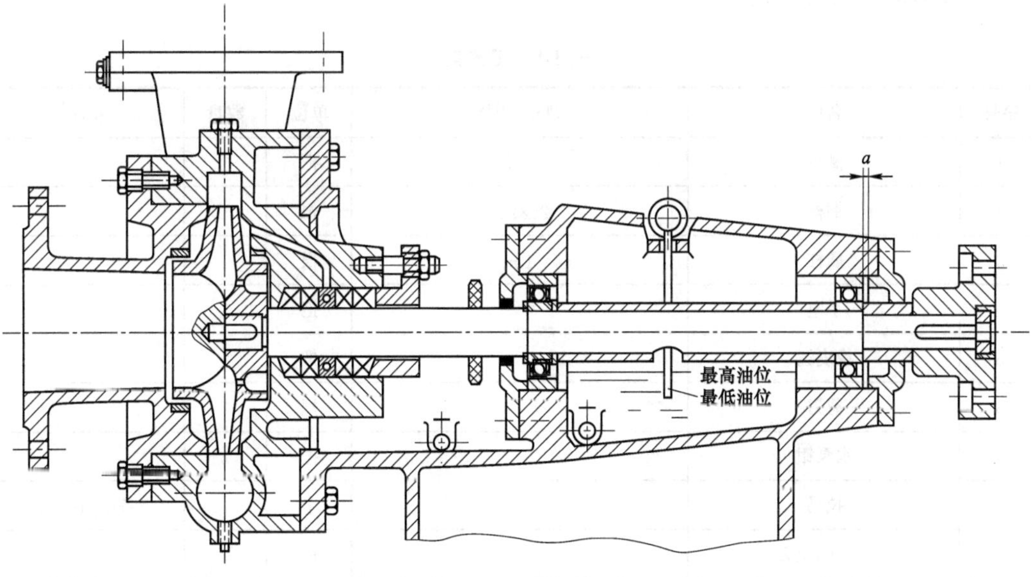


图 1-1　悬臂泵结构

悬臂泵结构紧凑,制造工艺简单,便于泵的检修维护;泵的运行平稳、流量均匀压力无波动,工作效率高,应用广泛。

### 1.1.2 悬臂泵的原理

悬臂泵是离心泵的一种,启动前泵内应充满被输送介质。当原动机带着泵轴和叶轮旋转,液体从叶轮获得了压力能和速度能,液体流经蜗壳出口时部分速度能转换为静压力能。同时在离心力的作用下叶轮中心的液体被甩向叶轮外缘形成低压区,当叶轮中心低压区与吸入口液面的压力形成压力差,于是介质被吸入并以一定的压力排出。随着泵轴的不停旋转,叶轮周而复始地不断的吸入与排出介质。

## 1.2 文件准备

1)《悬臂泵解体检修规程》QWG.01.14

2)《泵类设备防异物规定》QSZ.D.057-004

3)工作包—维修工作包主要由 EAM 工单标准准备信息、各类技术支持文件及相关的记录单组成(如图册、设备用户手册、焊接工艺卡、经验反馈、安全分析、工作许可票、各种特殊的许可证、应急预案、工前、工后会记录表工单等)

## 1.3 工器具准备

### 1.3.1 工器具清单(单台泵)

工器具清单见表 1-1。

**表 1-1 工器具**

| 序号 | 名称 | 型号/规格 | 单位 | 数量 | 备注 |
|---|---|---|---|---|---|
| 1 | 榔头 | 1.5 磅 | 把 | 1 | |
| 2 | 铜棒 | 25×250 | 根 | 1 | |
| 3 | 撬杠 | 1 m | 根 | 1 | |
| 4 | 手电 | | 把 | 1 | |
| 5 | 橡皮锤 | | 把 | 1 | |
| 6 | 剪刀 | | 把 | 1 | |
| 7 | 水泵钳 | | 把 | 2 | |
| 8 | 拉马 | 300 | 个 | 1 | 各组可共用 |
| 9 | 一字螺丝刀 | 200 | 把 | 2 | |
| 10 | 套筒扳手 | 32 件 | 套 | 1 | |
| 11 | 开口扳手 | 10 件 | 套 | 1 | |

续表

| 序号 | 名称 | 型号/规格 | 单位 | 数量 | 备注 |
| --- | --- | --- | --- | --- | --- |
| 12 | 梅花扳手 | 10件 | 套 | 1 | |
| 13 | 扁铲 | | 个 | 1 | |
| 14 | 什锦锉 | 10件 | 套 | 1 | |
| 15 | 轴承加热器 | | 个 | 1 | |
| 16 | 防烫手套 | | 副 | 1 | |

### 1.3.2 测量器具清单

测量器具清单见表1-2。

表1-2 测量器具

| 序号 | 名称 | 型号/规格 | 单位 | 数量 | 精度 |
| --- | --- | --- | --- | --- | --- |
| 1 | 深度游标卡尺 | 0～200 mm | 把 | 1 | 0.02 mm |
| 2 | 游标卡尺 | 0～150 mm、0～300 mm | 把 | 各1 | |
| 3 | 塞尺 | 200 | 把 | 1 | |
| 4 | 百分表 | 10 mm | 块 | 2 | 0.01 mm |
| 5 | 百分表架 | | 套 | 2 | |
| 6 | V型铁 | | 块 | 2 | |
| 7 | 刀型尺 | 100 mm | 把 | 1 | 0级 |
| 8 | 内径千分尺 | 0～600 mm | 把 | 1 | 0.01 mm |
| 9 | 外径千分尺 | 25～75 mm | 把 | 1 | 0.01 mm |
| 10 | 卷尺 | 2 m | 把 | 1 | |

### 1.3.3 消耗材料准备清单

| 序号 | 名称 | 规格 | 单位 | 数量 | 备注 |
| --- | --- | --- | --- | --- | --- |
| 1 | 防咬剂 | 乐泰 | 罐 | 1 | 各组可共用 |
| 2 | 记号笔 | | 支 | 1 | |
| 3 | 白布 | | 米 | 2 | |
| 4 | 砂纸 | 120号 | 张 | 4 | |
| 5 | 塑料布 | | 米 | 5 | |
| 6 | 润滑油(脂) | | | | |

续表

| 序号 | 名称 | 规格 | 单位 | 数量 | 备注 |
|---|---|---|---|---|---|
| 7 | 松锈剂 | | 瓶 | 2 | |
| 8 | 清洗剂 | | 瓶 | 3 | |
| 9 | 胶皮 | | 千克 | 10 | |
| 10 | 铜皮 | 各种厚度(0.01～1 mm) | | | 若干(各组可共用) |
| 11 | 青稞纸 | 各种厚度(0.1～0.5 mm) | | | 若干(各组可共用) |
| 12 | 封箱带 | | 卷 | 1 | |

## 1.4 模拟体准备

若进行核级离心悬臂泵技能培训则需要一台与核级离心悬臂泵结构完全相同的模拟体,要求结构完整,状况良好。

## 1.5 辐射防护准备

模拟某核电厂硼酸驳运泵实际工作情况做如下辐射防护准备:

1) 办理辐射防护许可证;

2) 建立悬臂泵辐射防护工作区域,铺设地面防污染布;

3) 设置辐射防护警示绳,设立辐射工作隔离牌;

4) 做好必备的个人辐射防护工作:穿连体工作服、工作鞋,戴细纱手套、塑胶手套、口罩等;出入隔离区换鞋或穿鞋套。

注意:

1) 避免维修实施过程中因辐射防护用品破损、脱落导致防护失效情况的发生;

2) 在泵解体等放射性剂量较高的工作场合,应有放射科人员进行现场监测、监控。必要时对高放射性管道及水泵部件进行屏蔽、去污等防护措施;

3) 在放射性松散物的区域工作,作业人员要穿好纸衣,防止辐射松散物玷污;在辐射粉尘较高的区域工作,作业人员要穿气衣,防止放射粉尘吸入;

4) 在放射性区域现场作业,必须遵循 ALARA 辐射防护三原则,避免不必要的剂量辐射,降低作业人员的辐射伤害。

## 1.6 工业安全准备

### 1.6.1 个人防护准备

1) 个人防护用品使用——安全帽;

2) 防人因工具的使用——开工前工后会,工作中进行三向交流、使用明星工作法。

### 1.6.2　工业安全

1）隔离确认

解体前模拟确认电机已断电，泵进出口阀门已隔离正确，疏水完成。

2）防设备损伤

机械密封、泵轴螺纹部位，泵盖密封面等注意保护，防止磕碰造成设备损伤。

3）防异物

泵解体后，泵腔及轴承箱防异物措施准备（塑料布封堵开口）。

4）起重作业

确认现场吊装工器具合格，泵解体吊装前必须确认所有的螺栓连接管线已完全拆除。

5）工具使用

工具使用前检查工具的可用性、有效性、安全性，检查专用量具的可用性，需标定的量具应在标定有效期内。

6）机械伤害

工作中戴好个人防护用品，防止碰撞、挤压等不必要的机械伤害。

7）防火

工作中有动火要求的必须办理动火证。

## 1.7　配合人员准备

| 工种 | 人数 | 资格要求 |
| --- | --- | --- |
| 电气 | 1 | 检修工 |
| 电气 | 1 | 辅助检修工 |

## 1.8　场地准备

1）设立工作隔离区，拉警示绳、挂工作区隔离牌；

2）在检修场地上铺设胶皮，划分零部件摆放处、备件存放处及工器具摆放处并相应覆盖塑料布，所需各工具、备件、量具摆放整齐有序，人员离开时需放置物项暂存牌；

3）水泵开口作业时，划定防异物控制区；

4）搭建泵转子拆装脚手架；

5）工作区域灯光照明及通风良好。

# 第二章　操作实施

操作实施部分以核级离心悬臂泵为模拟体，来培训相关操作技能。

## 2.1　解体前实施工作

解体前实施工作见表2-1。

表2-1　解体前实施工作

| 序号 | 操作步骤 | 操作要求 | 工器具 | 测评标准 | 备注 |
|---|---|---|---|---|---|
| 1 | 工作前准备 | 办理工作票、辐射防护票确认泵解体安措已实施；<br>开工前会；<br>备件、材料、工器具、量具准备。 | | 已办理工作许可证与辐射许可证；<br>安措已确认；<br>工作安排、人员分工，重要步骤讲述，安全风险分析等已在工前会描述；<br>备件材料齐全，工器具、量具检查合格。 | |
| 2 | 工作现场布置 | 检修现场建立工作隔离区；<br>工作场地布置。 | 塑料布<br>胶皮<br>警示绳 | 设置隔离带及警示牌；<br>工作现场设备和工具摆放整齐。 | |
| 3 | 泵外观清理 | 泵盖、机封压盖、轴承箱压盖、托架、联轴器外观清理。 | 擦拭纸<br>清洗剂 | 泵体外观干净，无明显污物。 | |
| 4 | 泵的各配合处做好原始标记 | 标记清晰准确；<br>各配合处标记要有区分。 | 记号笔 | 记号清晰齐全。 | |
| 5 | 检查并记录泵与电机原始对中 | 拆除联轴器罩；<br>盘车检查对中，每转动 90°检查测量一次对中数据；<br>计算出轴向与径向最大偏差；<br>测量联轴器轴向间距。 | 刀型尺刀型尺塞尺手电或使用百分表装置测量 | 轴向、径向对中偏差值均≤0.05 mm。<br>联轴器轴向间距：2～3 mm。 | |
| 6 | 拆除电机 | 拆除电机地脚螺栓；<br>脱开联轴器取出弹性块；<br>将电机搬离基座；<br>整理四个地脚垫片。 | 梅花扳手<br>吊带 | 电机搬运安全可靠；<br>拆下的四个地脚垫片与位置一一对应。 | |

## 2.2　解体拆卸

解体拆卸见表2-2。

表 2-2　解体拆卸

| 序号 | 操作步骤 | 操作要求 | 工器具 | 测评标准 | 备注 |
| --- | --- | --- | --- | --- | --- |
| 1 | 整体拆出泵转子部件与托架 | 拆除托架地脚螺栓及泵盖压紧螺栓；<br>用顶丝将泵盖及转子部件顶离泵腔配合面，并整体抽芯运离泵座；<br>拆卸后泵转子与托架用方木垫平。 | 梅花扳手<br>顶丝<br>吊带 | 泵搬运过程安全可靠；拆卸后安放平稳。 | |
| 2 | 拆除叶轮 | 将叶轮防松垫片敲平；用撬杠将叶轮固定；<br>用开口扳手按照叶轮旋转方向转动松开叶轮锁紧螺母；<br>检查叶轮端面到泵轴尾端的距离<br>取下叶轮锁紧螺母和锲型环；从泵轴上取下叶轮及固定键。 | 开口扳<br>手撬杠<br>扁铲<br>榔头<br>深度游标<br>卡尺 | 拆卸叶轮螺纹方向正确；<br>记录叶轮端面到泵轴尾端的距离。 | |
| 3 | 拆卸机械密封组件 | 拆除机械密封与泵盖间固定螺栓，脱开机械密封与泵盖；<br>从泵轴上整体拆除机械密封和轴套；<br>从机械密封中取下轴套和动环组件，并解体动环组件；<br>从轴套端面取下上锲型环；<br>从密封壳体内取出静环组件；从泵轴上取下定位销。 | 梅花扳手<br>螺丝刀 | 机械密封拆卸时避免磕碰。 | |
| 4 | 拆联轴器 | 用深度游标卡尺测量轴头至联轴器端部距离；<br>用拉马从泵轴上拆下联轴器并取出键。 | 扳手<br>拉马<br>螺丝刀<br>榔头<br>铜棒 | 轴器与泵轴不能有拉毛、拉伤的情况；<br>记录轴头至联轴器端部距离。 | |
| 5 | 测量轴向窜动量 | 拆除联轴器端轴承室端盖固定螺栓，并用橡皮锤敲击将其拆卸；<br>取出轴承室端盖上部密封垫片并测量垫片厚度；<br>用橡皮锤敲击泵轴附带轴承向叶轮端移动，测量托架到轴承外圈距离；<br>测量轴承室端盖上部台阶高度，计算转子部件轴向串动量。 | 扳手<br>橡皮锤<br>深度尺<br>游标卡尺 | 轴向窜动量控制在 0.10～0.20 mm 之间 | |
| 6 | 拆除泵轴及轴承 | 拆除叶轮端轴承压盖；<br>垫上铜棒敲击联轴器端轴头，泵轴附带轴承一起向叶轮端移动，直到退出轴承箱托架；<br>用套管或拉马将轴承从泵轴上拆出；<br>用两块 V 型铁将拆下的泵轴垫平摆放好。 | 扳手<br>拉马<br>螺丝刀<br>榔头<br>铜棒<br>V 型铁 | 敲击拆卸轴承不能损伤泵轴。 | |
| 7 | 防异物措施 | 用塑料布封堵泵腔 | 塑料布<br>封箱带 | 防异物是否实施。 | |

# 2.3 清洗与检查

清洗与检查见表 2-3。

**表 2-3 清洗与检查**

| | | | | |
|---|---|---|---|---|
| 1 | 清理并清洗各零部件 | 地脚螺栓及泵盖、托架等螺栓清洗后需涂抹防咬剂；<br>泵盖密封垫及进出口连接法兰垫片铲除后需用砂纸清理确保密封面平整光滑；<br>清洗过的零部件需摆放整齐且用塑料布覆盖防止二次污染。 | 清洗剂<br>防咬剂<br>铲刀<br>砂纸<br>塑料布<br>擦拭纸<br>白布 | 零部件清洗干净；<br>密封面无损伤，无贯穿性划痕。 |
| 2 | 泵壳清洗检查 | 泵壳检查无汽蚀、无裂纹、无明显缺陷；<br>泵腔清理清洗后确认无异物并用塑料布封盖。 | 手电<br>清洗剂<br>擦拭纸<br>白布<br>塑料布 | 泵腔清洁无异物、无缺陷，泵轴无毛刺、无磨损、无裂纹、螺纹无损伤与螺母配合完好； |
| 3 | 泵轴清洗检查 | 检查泵轴螺纹，如有损伤用什锦锉修复；<br>检查轴套，磨损严重无法修复需更换；<br>测量并记录轴(轴承安装部位)直径部位尺寸；<br>检查泵轴弯曲度，将泵轴径向分成 8 等份，每转动 45°用百分表测量记录一次泵轴径向跳动，最后计算出泵轴最大弯曲度。 | 百分表、表架<br>清洗剂<br>擦拭纸<br>外径千分尺<br>V 型铁 | 轴套无毛刺、无裂纹、无沟槽；<br>泵轴弯曲度≤0.02 mm 超标更换泵轴；<br>泵轴与轴承内圈采用基孔制为过渡配合，间隙过大，泵轴需处理。 |
| 4 | 轴承室清洗检查 | 轴承室检查无毛刺、无砂眼、无油垢；<br>轴承室清洗后需擦干并检查无异物遗漏；<br>测量并记录轴承室安装轴承部位尺寸。 | 清洗剂<br>擦拭纸<br>内径千分尺 | 轴承室清洁无异物；<br>轴承室与轴承外圈采用基轴制为过渡配合，间隙过大，轴承室配合面需处理。 |
| 5 | 叶轮检查与清理 | 清理叶轮流道；<br>目视检查清理叶轮，磨损严重需更换；<br>密封环与叶轮的径向间隙测量；<br>检查叶轮密封环配合处径向跳动；<br>目视检查叶轮轮毂内孔及配合键槽情况。 | 百分表、表架<br>手电<br>清洗剂<br>擦拭纸<br>白布<br>塞尺<br>内径千分尺<br>游标卡尺 | 叶轮流道光滑，无毛刺，无裂纹；<br>叶轮，无汽蚀、无裂纹、无严重磨损；<br>密封环与叶轮磨损最大径向间隙 0.70 mm；<br>叶轮密封环径向跳动值≤0.08 mm；<br>叶轮轮毂及键槽无毛刺、无损伤。 |
| 6 | 联轴器检查 | 联轴器表面及配合键槽无毛刺、无敲击损伤；<br>目视检查联轴器轮毂内孔。 | 清洗剂<br>擦拭纸<br>手电 | 联轴器表面及轮毂内孔光滑；<br>键槽无损伤。 |

## 2.4 泵的组装与回装

泵的组装与回装见表 2-4。

**表 2-4 泵的组装与回装**

| | | | | |
|---|---|---|---|---|
| 1 | 回装前异物检查 | 泵腔与轴承室回装前都需进行异物检查。 | 手电 | 泵腔与轴承室清洁，无异物遗留。 |
| 2 | 泵轴及轴承回装 | 用轴承加热器将轴承加热至 95 ℃左右，并迅速套装到泵轴两端相对位置；<br>将已经安装好轴承的泵轴装入托架轴承室内；<br>在轴承和轴承压盖中涂抹适当的润滑脂；<br>安装并紧固叶轮端轴承压盖螺栓；<br>验证轴窜动量，通过轴承端盖垫片厚薄调整至标准；<br>安装并紧固传动端轴承压盖螺栓；<br>装好两侧防尘圈。 | 轴承加热器<br>防烫手套<br>橡皮锤<br>深度游标卡尺<br>梅花扳手榔头<br>铜棒 | 轴承装到配合位置；<br>轴承润滑油脂用量为轴承室容积 60%左右；<br>轴向窜动量控制在 0.10～0.20 mm 之间。 |
| 3 | 安装托架及联轴器 | 安装托架并紧固轴承室端盖与托架连接螺栓；<br>安装联轴器键并用加热器热装联轴器。 | 轴承加热器<br>防烫手套<br>深度游标卡尺<br>梅花扳手 | 联轴器安装到原测量位置。 |
| 4 | 机械密封安装 | 动环组件安装在轴套上，对准装在泵轴上定位销，动环组件与轴套整体安装到位；<br>装好轴套密封楔形环；<br>测量动环密封端面至密封端面的距离；<br>将静环组件安装到密封压盖中，测量静环密封端面至密封压盖端面的距离；<br>计算出机械密封压缩量，确定密封压盖垫片厚度，安装密封压盖，先不紧固连接螺栓。 | 橡皮锤<br>榔头<br>铜棒<br>深度游标卡尺<br>梅花扳手 | 轴套与泵轴的定位销安装到位；<br>机械密封的压缩量为弹簧压缩量的 1/3～1/2。 |
| 5 | 安装叶轮 | 泵轴上放置叶轮键；<br>叶轮轮毂内涂抹防咬剂，对准键槽安装叶轮并测量泵轴尾端与叶轮端面的距离；<br>安装叶轮密封楔形环；<br>安装叶轮防松垫片，用撬杠固定联轴器端转子，将叶轮锁紧螺栓紧固，锁紧防松垫片。 | 防咬剂<br>深度游标卡尺<br>撬杠<br>扳手<br>榔头<br>铜棒<br>扁铲 | 叶轮端面到泵轴尾端的距离与拆卸时尺寸一致。 |
| 6 | 转子部件整体回装 | 分别测量泵盖与叶轮端面距离与泵腔密封面与泵腔口环端面的距离，确定泵盖密封垫片厚度； | 深度游标卡尺<br>扳手<br>吊带 | 叶轮端面与泵腔口环端面无摩擦。 |

续表

| | | | | | |
|---|---|---|---|---|---|
| 6 | 转子部件整体回装 | 安放泵盖密封垫片，整体吊起转子部件送入泵腔，紧固泵盖连接螺栓；<br>拧紧托架地脚螺栓；<br>紧固机械密封压盖螺栓。 | | | |
| 7 | 泵与电机对中找正 | 安装联轴器弹性块，回装电机；<br>检查电机地脚孔与地脚螺栓位置；<br>用塞尺检查电机地脚与基座间有无虚脚；<br>调整联轴器轴向间距；<br>调整泵与电机对中合格；<br>恢复联轴器罩。 | 刀型尺<br>塞尺<br>手电 | 轴向、径向对中偏差值均≤0.05 mm；<br>联轴器轴向间距2～3 mm左右；<br>手动盘车自如，无明显轻重不均感。 | |

## 2.5 实施中需要特别注意的几个关键点

### 2.5.1 泵轴径向跳动测量及轴弯曲度检查

泵轴在运行工作中承受弯曲与扭转联合作用，承受多种应力。所以泵解体必须检查应力对泵轴的弯曲度的影响，是重要的检修质量关键点。泵轴弯曲度≤0.02 mm 超出标准必须更换。

### 2.5.2 叶轮与密封环、泵壳的间隙测量

密封环与叶轮的间隙测量是验证密封环的磨损情况，磨损严重必须更换，否则增加泵的容积损失。密封环与叶轮磨损最大径向间隙 0.70 mm。

叶轮与泵壳的轴向间隙必须大于泵轴的窜动量，间隙过小会发生叶轮与泵壳端面磨损，间隙过大影响泵的工作效率。

### 2.5.3 泵轴与轴承室配合尺寸检查

轴承内圈与泵轴的配合尺寸间隙过大，泵轴配合处需进行刷镀处理或者更换，轴承外圈与轴承室配合间隙过大，轴承室也应刷镀处理或者更换。

### 2.5.4 组装前异物、清洁度检查

泵腔及轴承室的防异物检查是泵解体检修的重要质量见证点，异物或不清洁的杂质存在将导致高速旋转的转子部件磨损，甚至损坏报废，所以组装前必须进行异物、清洁度检查。

### 2.5.5 机械密封压缩量检查

机械密封是一种端面密封，弹簧压缩量的大小影响机密的正常使用与寿命。压缩量过

小容易密封泄漏，压缩量太大导致密封面无法建立水膜也会产生泄漏，压缩量过大虽然不泄漏但将缩短机封使用寿命。

### 2.5.6　轴向窜动量调整

窜动量调整必须在正常运行范围内，过大过小都将造成泵动、静部件间磨损。轴向窜动量为：0.10～0.20 mm 之间。

### 2.5.7　泵与电机联轴器对中找正

泵与电机的同轴度是否合格是关系泵的振动、正常运行的重要性能指标。找正时应先检查电机地脚有无虚脚，地脚螺栓是否位于电机地脚孔的中心部位，联轴器表面有无损伤等情况。地脚调整垫片尽量控制在 3 片左右，轴向、径向对中偏差值均≤0.05 mm，弹性块联轴器轴向间距控制在 2～3 mm。

## 维修记录表

**表 1　解体前对中记录**

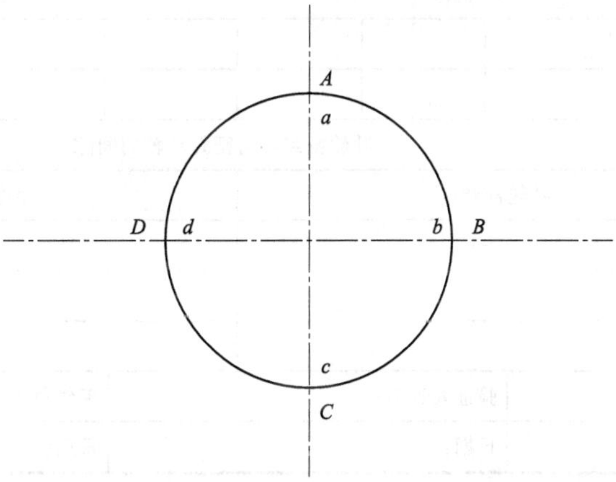


| 联轴器中心找正 | | | | | | | | | | 对轮间距 | |
|---|---|---|---|---|---|---|---|---|---|---|---|
| 圆周值 | A | B | C | D | 平面值 | a | b | c | d | 标准 | 2-3±0.2 mm |
| <0.05 | | | | | <0.05 | | | | | 实测 | |

| | | |
|---|---|---|
| 记录人签名：<br>日期： | 验证人签名：<br>日期： | 工作负责人签名：<br>日期： |

**表 2　检修前后叶轮间隙检查**

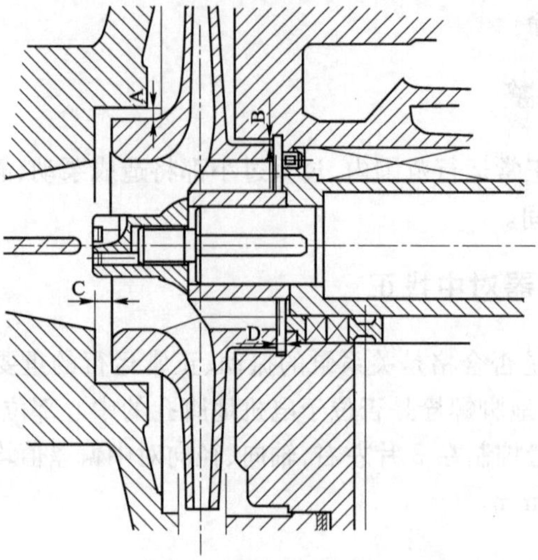


| 项目名称 | 叶轮与泵壳径向间隙(直径方向) | | | | | | | |
|---|---|---|---|---|---|---|---|---|
| 测量点 | 叶轮前端(A) | | | | 叶轮后端(B) | | | |
| 标准值 | 0.30～0.45 | | | | 0.30～0.45 | | | |
| 修前值 | | | | | | | | |
| 检修后 | | | | | | | | |
| 项目名称 | 叶轮密封环与密封环轴向间隙 | | | | | | | |
| 测量点 | 叶轮前端(C) | | | | 叶轮前端(D) | | | |
| 标准值 | >1 | | | | >1 | | | |
| 修前值 | | | | | | | | |
| 检修后 | | | | | | | | |

| 记录人签名： | 验证人签名： | 工作负责人签名： |
|---|---|---|
| 日期： | 日期： | 日期： |

**表 3　轴承的径向跳动要求**

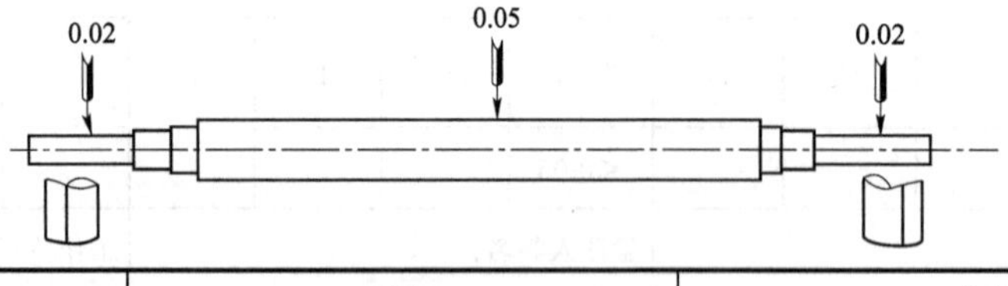


| 项目名称 | 标准 | 实测值 |
|---|---|---|
| 联轴器端轴径跳动 | ≤0.02 | |
| 叶轮端轴径跳动 | ≤0.02 | |
| 泵轴中段轴径跳动 | ≤0.05 | |

| 记录人签名：<br>日期： | 验证人签名：<br>日期： | 工作负责人签名：<br>日期： |
|---|---|---|

表 4　轴向窜动量

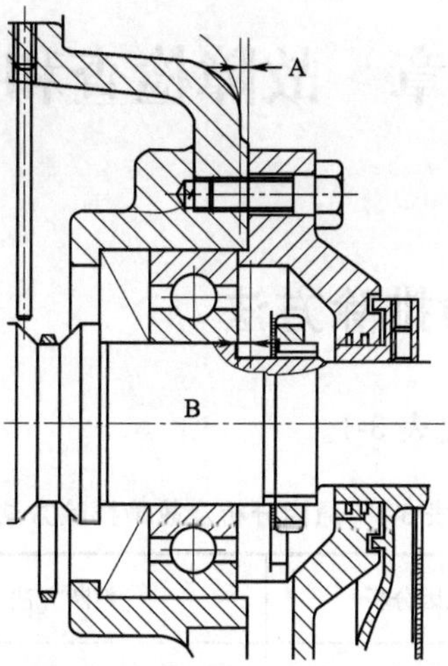


| 项目名称 | 维修前 | 维修后 | 标准 |
|---|---|---|---|
| 托架到轴承外圈距离为 A | | | / |
| 轴承室端盖上部台阶高度为 B | | | / |
| 密封垫片的厚度为 C | | | / |
| A−B+C | | | 0.10～0.20 mm |

| | | |
|---|---|---|
| 记录人签名：<br>日期： | 验证人签名：<br>日期： | 工作负责人签名：<br>日期： |

表 5　维修后对中检查

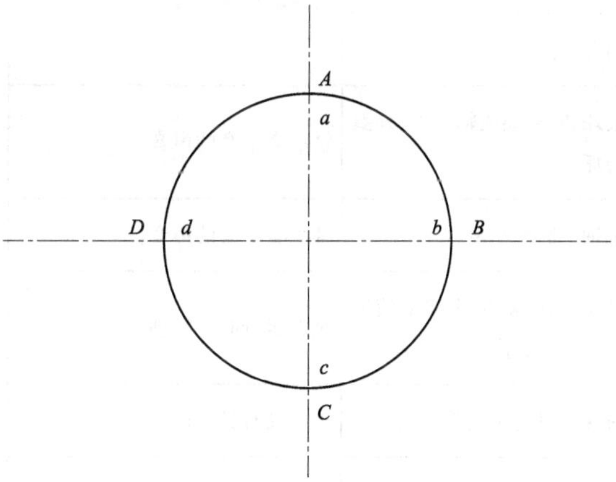


| 联轴器中心找正 | | | | | | | | | | 对轮间距 | |
|---|---|---|---|---|---|---|---|---|---|---|---|
| 圆周值 | A | B | C | D | 平面值 | a | b | c | d | 标准 | 2±0.25 mm |
| <0.10 | | | | | <0.10 | | | | | 实测 | |

| | | |
|---|---|---|
| 记录人签名：<br>日期： | 验证人签名：<br>日期： | 工作负责人签名：<br>日期： |

# 第三章　故障检查和处理

## 3.1　原因分析及故障排除方法

原因分析及故障排除方法见表 3-1。

**表 3-1　原因分析及故障排除方法**

| 序号 | 故障现象 | 故障原因分析 | 判断方法 | 故障排除方法 |
|---|---|---|---|---|
| 1 | 叶轮密封环磨损 | 叶轮与密封环间有杂质 | 手动盘车转子有轻微摩擦声；<br>水泵容积损失大；<br>泵工作效率低。 | 解体检修清除杂质 |
| | | 叶轮与密封环处有气蚀 | | 更换密封环 |
| | | 叶轮与密封环不同心 | | 重新调整叶轮与密封环间隙 |
| 2 | 机械密封泄漏 | 动静环端面密封不严 | 机械密封有泄漏痕迹；机封冷却水流量小；<br>盘车时泵轴径向晃动偏大；<br>密封压盖处显现固体结晶，粘住密封动环或弹簧。 | 更换动静环密封组件 |
| | | O 形密封圈失效 | | 更换失效 O 形密封圈 |
| | | 机封密封面冷却失效或冷却不充分 | | 重新检查或调节机封冷却水 |
| | | 轴套磨损 | | 更换密封轴套 |
| 3 | 滚动轴承有异音 | 滚珠、隔离架或轴承内、外圈磨坏 | 轴承有干磨的声音。 | 更换动轴承 |
| | | 泵轴承润滑不足 | 轴承有干磨的声音。 | 增加润滑脂或润滑油 |
| | | 轴承的滚珠、隔离架或滚道表面发生剥皮 | 泵在运行时会跳动。 | 更换动轴承 |
| | | 滚珠与隔离架间隙太大 | 轴承处有异常声响。 | 更换动轴承 |
| 4 | 泵不出水 | 泵转向错误 | 泵空转，不出水；<br>泵出口不显示流量；<br>叶轮室传出声音异常。 | 电气检查线路，重新接电源线 |
| | | 泵进口堵塞 | | 疏通进口管道 |
| | | 叶轮处有异物堵塞 | | 解体检修泵 |
| | | 泵入口管路未充满水 | | 入口管排气，充水 |

## 3.2 特殊故障现象和判断方法、故障原因分析及故障排除方法

| 序号 | 故障现象 | 故障原因分析 | 判断方法 | 故障排除方法 |
|---|---|---|---|---|
| 1 | 泵发热卡死 | 泵轴弯曲 | 手动盘车有卡死点；<br>泵轴晃动明显；<br>盘车时轴承有异音。 | 更换泵轴 |
| | | 转子与静止部件摩擦 | | 检查更换磨损部件 |
| | | 轴承严重损坏 | | 更换轴承 |
| | | 轴向窜动量太大 | | 重新调整轴向窜动量 |
| 2 | 电机运行超负荷 | 泵内有异物 | 手动盘车有死点 | 更换泵轴 |
| | | 机械密封压缩量过大 | 手动盘车卡涩 | 重新调整压缩量 |
| | | 轴承损坏 | 轴承有异音 | 更换轴承 |
| | | 电机单相运行 | 电机线路跳闸 | 检查线路,电动机重新接线 |

# 第四章 操作结束

## 4.1 确认检查现场工作程序、质量计划完成情况

确认悬臂泵解体部件已按工作程序完成;确认 QC 见证点已实施,质量计划已完成。

## 4.2 放射性区域工作结束后,解除辐射安全防护措施,清理放射性废物

1) 污染工器具送去污间去污;
2) 放射性废物和非放废物按照相应的指定地点分开进行存放;
3) 通知防护人员拆除辐射防护隔离区;
4) 脱除个人辐射防护用品并放置在指定的辐射防护用品收集桶内;
5) 终结辐射防护票。

## 4.3 培训结束后,拆除工作隔离区,工完料尽,清理现场,将现场恢复到工作前状态

1) 整理工具,检查现场无遗留物品;
2) 确认备件使用情况,有未使用备件应退库处理;
3) 使用的工器具进行清理并归还工具室。

## 4.4 开工后会,总结工作经验

1) 总结工作中的安全风险完成情况,完善需改进的地方;
2) 总结防人因工具的使用情况。

## 4.5 终结工作票,填写维修报告

填写悬臂泵工作记录表,完成维修报告。

受训学员通过理论学习,掌握核级离心悬臂泵的结构和工作原理。通过实际操作,熟悉了检修程序,掌握了维修操作关键点,能够独立完成核级离心悬臂泵解体检修工作,达到了培训目的。

# 第五章　经验反馈

## 5.1　某泵轴热弯曲导致泵振动超标

描述:某电站某悬臂泵解体大修,正常运行几天后,泵轴承处振动值(振幅)从 0.06 mm/s 上升至 0.78 mm/s。初步判断:电机与泵对中不良。重新对中并更换联轴器弹性块,振动值下降至 0.45 mm/s,试车运行 2 小时后,振动依然上升。反复调整,振动缺陷仍无法消除。解体泵检查泵轴弯曲度≤0.04 mm,轴弯曲度正常。泵转子组装后外观检查发现轴套与口环有磨损,检查口环间隙 0.55 mm 间隙正常,导叶套与导叶挡套间隙 1.10 mm,转子最大跳动 0.13 mm 也在标准范围内。

分析:泵转子的径向跳动值小于口环间隙,转子在冷态情况下动静碰磨概率较小,但泵在运行中由于轴套与导叶套偏磨,轴套局部发热,热膨胀致使泵轴弯曲,振动随运行时间而加大。

解决:减小转子初始弯曲;减小转子动不平衡量;提高转子初始中心找正精度;增加动静部件间间隙为 1.3 mm。

结果:加大动静部件间隙到 1.3 mm,并不影响泵的压力、流量、效率。今后即使各种原因导致泵转子轻微摩擦,也只发生在叶轮口环上,不会引起转子热弯曲。经调整后,泵振动合格,运行正常。

## 5.2　某电厂轴承损坏处理改进经验反馈

描述:某电厂某水泵发生叶轮端轴承损坏情况,影响该泵的正常连续运行。

分析:该水泵采用 7616 单列圆锥滚子轴承,径向游隙通过加减轴承压盖垫片来调整,轴承间隙过大或过小,都将引起轴承发热或振动加剧。

轴承室端部密封采用挡水盘一道迷宫槽密封,槽浅,材质为 HT150,在运转过程中易磨损及检修拆卸时易损坏,造成挡水盘密封不严。

挡水盘与轴承压盖之间采用油封环密封,材质为 HT150,同样较易磨损,油密封不严。

措施:改用 3616 双列调心滚子轴承,简化了安装程序且不用再调整径向间隙;

挡水盘、轴承压盖重新加工,材质采用 Q235 制成,直径增大 30 mm,并采用两道迷宫密封槽,槽深增加 2 mm,有效增加密封性及该部件材料强度。

经过改进后轴承易损坏缺陷消除。

## 5.3　泵机械密封失效与密封水系统的改造

描述:某电厂单级悬臂泵频繁出现机械密封失效的情况,该泵采用单端面、内装式、高背压型机械密封，动、静环材质分别为碳化钨、石墨。密封圈为硅橡胶 O 形圈。机封检修拆除后发现，动、静环 O 形圈老化失效，O 形截面塑变成方形；静环失效，密封端面被咬蚀成不规则形状；补偿环磨损；补偿环弹簧失效。

分析：原先设计泵出口引出的冷却水经冷却器冷却后，流入密封腔对密封端面冲洗，检查发现由于没有足够的压差，轴封冷却水产生逆流，导致机封无法有效冷却。

机封弹簧压缩量过大，增加机封密封面磨损量，补偿环弹簧失效。

由于没有有效的冷却，机封室温度较高，导致机封密封 O 形圈老化失效。

措施：在叶轮上开$\phi$8 mm 的平衡孔，在降低叶轮备压的同时起到平衡轴向力的作用，使冲洗压力形成 0.6 MPa 压差。

为减少叶轮增开平衡孔对泵的容积效率的影响，调整叶轮定距套尺寸，把叶轮背隙由 7 mm 减至 4 mm，进一步降低叶轮背侧压力，提高冲洗水压差。

更换机械密封组件，调整机封弹簧压缩量为 6 mm。

密封水系统改造及机械密封重装后，机封频繁失效的情况没再发生，缺陷消除。

# 第六章 习 题

## 6.1 选择题

1. 离心泵轴封机构的作用是(A)。

A. 防止高压液体从泵中大量漏出或空气顺抽吸入泵内

B. 对水泵轴起支承作用

C. 对水泵轴起冷却作用

D. 防止漏油

2. 泵轴在运行工作中承受(B)联合应力作用,所以泵解体必须检查应力对泵轴的弯曲度的影响,是重要的检修质量关键点。

A. 旋转与扭转　B. 弯曲与扭转　C. 弯曲与离心力　D. 扭转与离心力

3. 泵与电机联轴器对中找正地脚调整垫片控制在(D)。

A. 3片以上　B. 4片以内　C. 5片以内　D. 3片以内

## 6.2 判断题

1. 工作前准备包括办理工作票、辐射防护票,确认泵解体安措已实施,开工前会布置工作任务,风险分析,讨论工作要点,备件材料准备齐全,工器具、量具检查合格。 (√)

2. 离心泵解体前确认电机已断电,泵进出口阀门已隔离,疏水完成。 (√)

3. 离心泵在运行中将会产生由进口指向出口侧的轴向推力。 (×)

## 6.3 简答题

离心泵为什么不允许倒转?

答:因为离心泵的叶轮是一套装的轴套,上有丝扣拧在轴上,拧的方向与轴转动方向相反,所以泵顺转时,就越拧越紧,如果反转就容易使轴套退出,使叶轮松动产生摩擦。此外,倒转时扬程很低,甚至打不出水。

# 第七章　附　录

## 7.1　什么是对中

泵和电机的联轴器所连接的两根轴的旋转中心应严格的同心，联轴器在安装时必须精确地找正、对中，否则将会在联轴器上引起很大的应力，并将严重地影响轴、轴承和轴上其他零件的正常工作，甚至引起整台机器和基础的振动或损坏等。因此，泵和电机联轴器的找正是安装和检修过程中很重要的工作环节之一。

## 7.2　如何对中

在安装新泵时，对于联轴器端面与轴线之间的垂直度可以不做检查，但安装旧泵时，一定要仔细地检查，发现不垂直时要调整垂直后再进行找正。一般情况下，可能遇到的有以下四种情形。

1）$S_1=S_2$，$a_1=a_2$ 两半靠背轮端面是处于既平行又同心的正确位置，这时两轴线必须位于一条直线上。

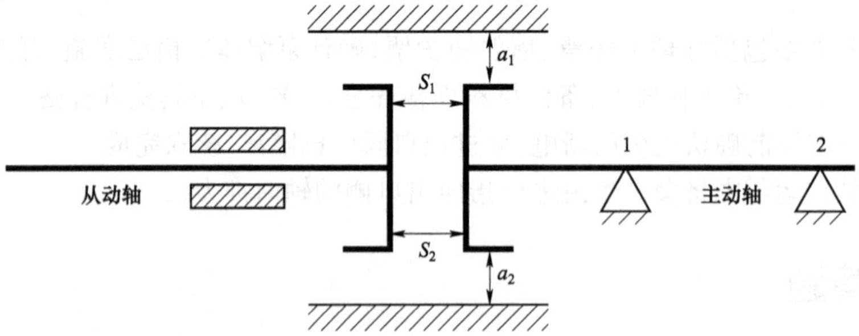


2）$S_1=S_2$，$a_1\neq a_2$ 两半靠背轮端面平行但轴线不同心，这时两轴线之间有平行的径向位移 $e=(a_2-a_1)/2$。

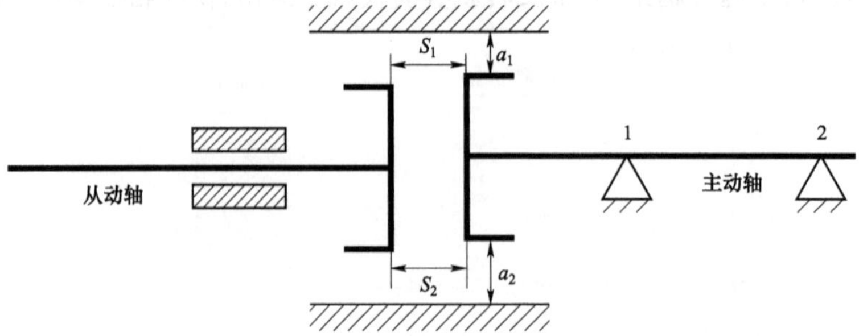

3）$S_1 \neq S_2, a_1 = a_2$ 两半靠背轮端面虽然同心但不平行，两轴线之间有角向位移 $\alpha$。

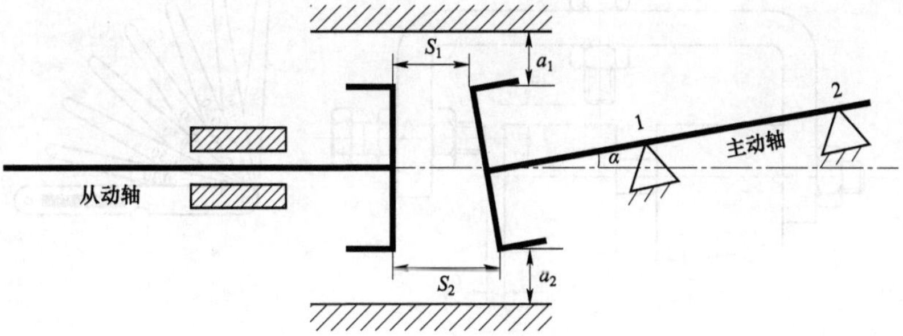


4）$S_1 \neq S_2, a_1 \neq a_2$ 两半靠背轮端面既不同心又不平行，两轴线之间既有径向位移 $e$ 又有角向位移 $\alpha$。

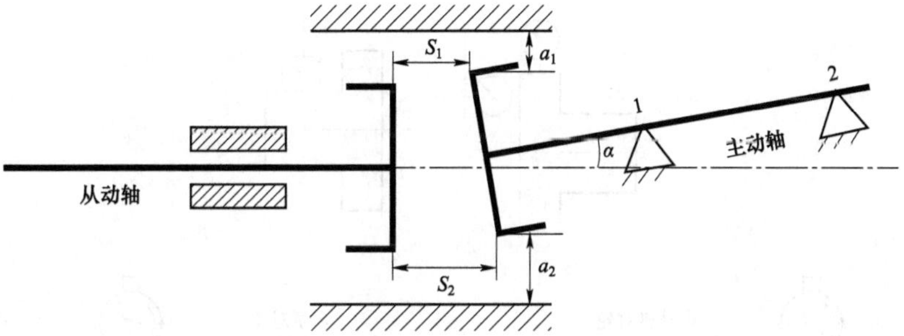


联轴器处于第一种情况是我们在找正中致力达到的状态，而第二、三、四种状态都不正确，需要我们进行调整，使其达到第一种情况。

在安装设备时，首先把从动机（泵）安装好，使其轴线处于水平位置，然后再安装主动机（电机），所以找正时只需要调整主动机，即在主动机（电机）的支脚下面加调整垫面的方法来调节。

## 7.3　对中测量装置及调节方法

下面主要介绍在检修过程中常用的两种测量调整方法，根据测量工具不同可分为：

1）利用刀形尺和塞尺测量联轴器的不同心和利用楔形间隙轨或塞尺测量联轴器端面的不平行度，这种方法适用于弹性联接的低转速、精度要求不高的设备。

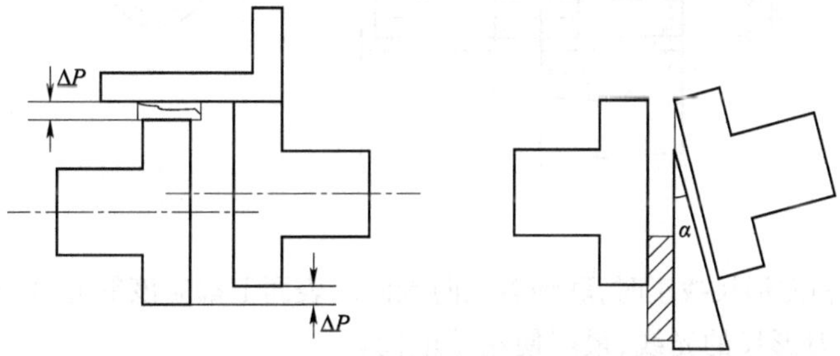

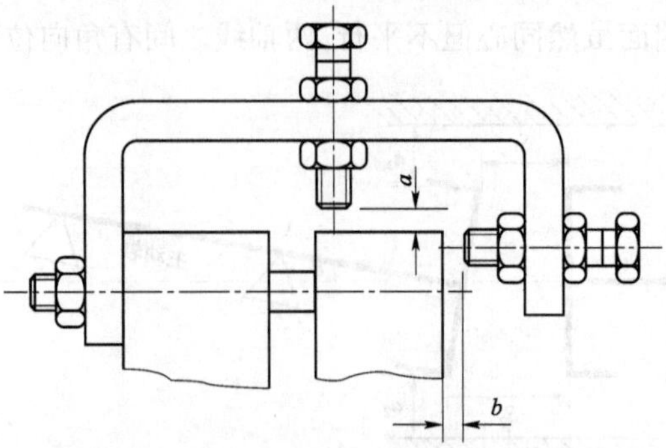


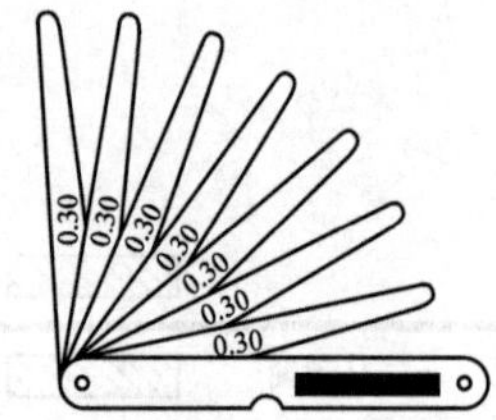


2）利用百分表及表架或专用找正工具测量两联轴器的不同心及不平行情况，这种方法适用于转速较高、刚性联接和精度要求高的转动设备。

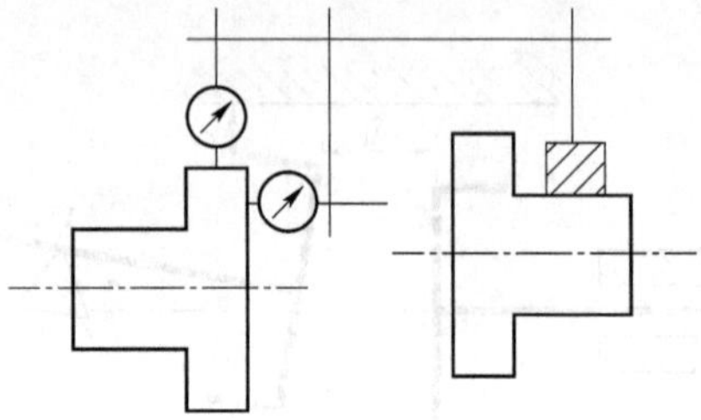

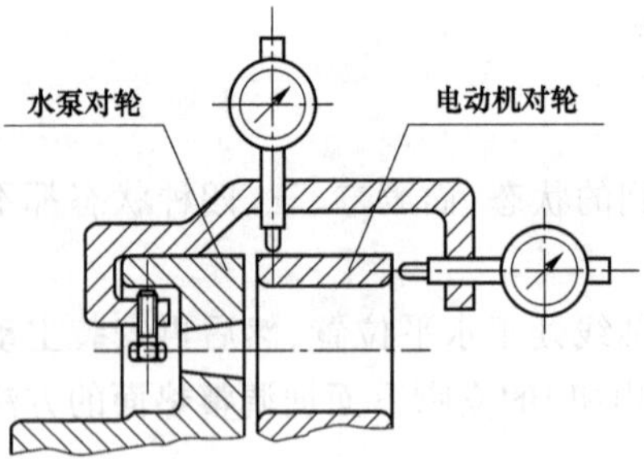


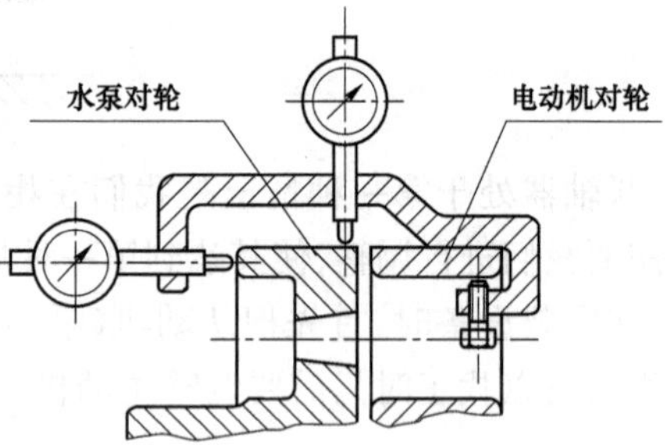


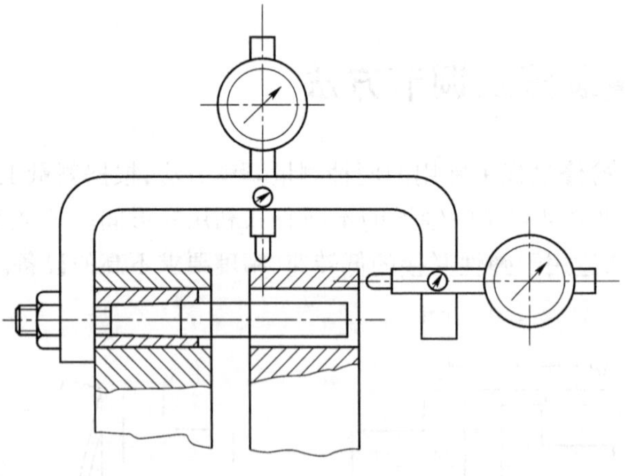

注意：

1）在用塞尺和刀形尺找正时，联轴器径向端面的表面上都应该平整、光滑、无锈、无毛刺。

2）为了看清刀形尺的光线，最好使用手电筒。

3）对于最终测量值，电机的地脚螺栓应是完全紧固，无一松动。

4）用专用工具找正时，做好同一记号，为避免测量数据误差加大，并应把靠背轮均分为4～8个点，以便取到精确的数据。

5）作好记录使找正的重要一环。

加调整垫面时有以下方法：

1）直(感)观(经验加、减垫)因为在检修中，一些泵的找正并没有完全具备良好的条件和工具，在调整时，老师傅的经验会起到很大的作用(每次加、减垫都应考虑电机螺栓的松紧状况及其余量)。

2）计算法

Ⅰ原始状态

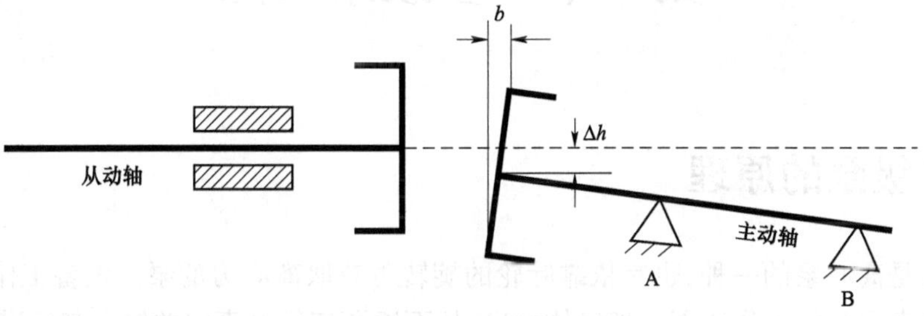


Ⅱ抬高 $\Delta h$

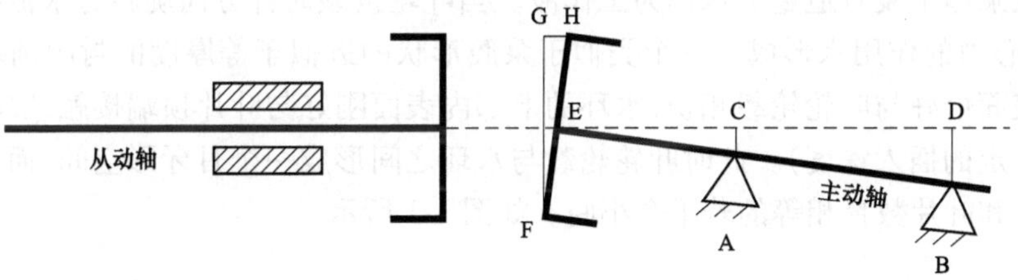


Ⅲ调节后的轴心线

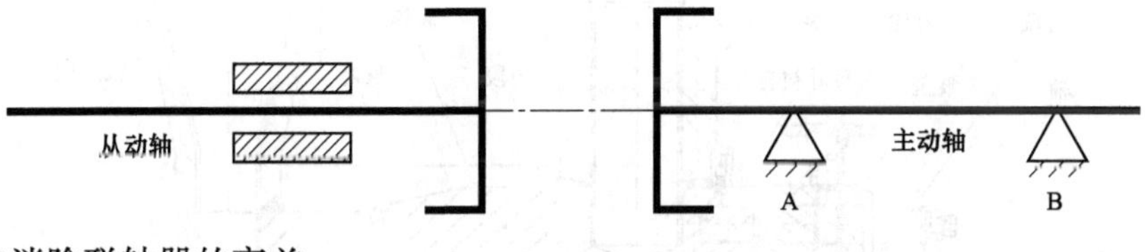


① 先消除联轴器的高差

电机轴应向上用垫片抬高 $\Delta h$，这是前支座 A 和后支座 B 应同时在座下加垫 $\Delta h$。

② 消除联轴器的张口

在 A、B 支座下分别增加不同厚度的垫片，B 支座加的垫应比 A 支座的后一些。

$$\frac{AC}{GH}=\frac{AE}{GF}\cdot\frac{BD}{GH}=\frac{BE}{GF}$$

$$AC=\frac{AE}{GF}\cdot GH=\frac{\text{联轴器与前支座距离}}{\text{联轴器直径}}\cdot b$$

$$BD=\frac{\text{联轴器与后支座距离}}{\text{联轴器直径}}\cdot b$$

总的调整垫片的厚度为：前支座 A，$\Delta h$+AC；后支座 B，$\Delta h$+BD。

水泵联轴器找中心偏差标准(单位：mm)：水泵联轴器的端面距离：2～3 mm。

# 第九部分　多级离心泵

## 第一章　多级泵认知

### 1.1　多级泵的原理

多级泵是离心泵的一种,也是依靠叶轮的旋转再获取离心力的泵。设备工作时,气体密度达到机械真空泵的工作范围后把气体抽出,从而逐渐获得高真空并输送其管道内介质。

在多级泵体中装有适量的水作为工作液。当叶轮按顺时针方向旋转时水被叶轮抛向四周,由于离心力的作用水形成了一个类似于泵腔形状的近似于等厚度的封闭圆环。水环的下部分内表面恰好与叶轮轮毂相切,水环的上部内表面刚好与叶片顶端接触(实际上叶片在水环内有一定的插入深度)。此时叶轮轮毂与水环之间形成一个月牙形空间,而这一空间又被叶轮分成和叶片数目相等的若干个小腔。如图 1-1 所示。

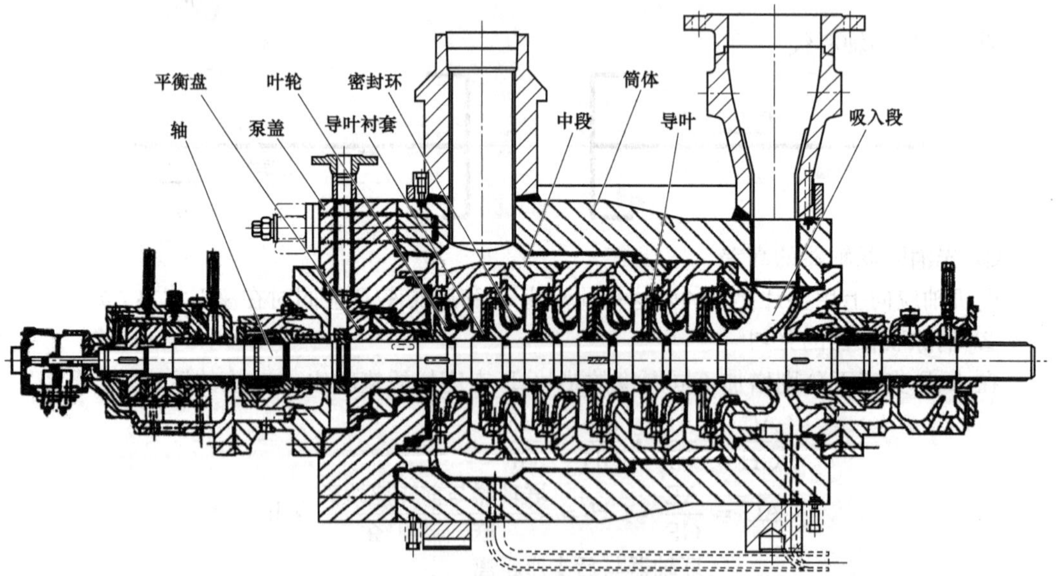


图 1-1　离心多级泵

导叶是静止的过流部件,可看作是一个固定叶轮,如图 1-2 所示。分段式和圆筒式多级泵的每一个叶轮都配有一个导叶，位于叶轮外缘，固定在泵壳上。其作用是汇集并引导叶轮出口的高速流进入下一个叶轮或压出室，并将液体的步伐动能转换为压力能。导叶形似有以下两种。

图 1-2　多级泵导叶

1—导叶；2—叶轮

径向式：液体从上一个叶轮流出后，由正导叶引入环状空间过渡区，改变流向后、再流入反导叶引入下一个叶轮，如图 1-3 所示。

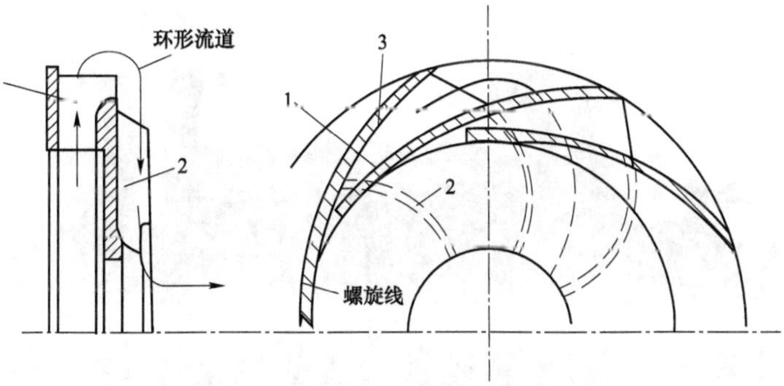


图 1-3　径向式导叶

1—扩散段；2—反导叶；3—正导叶

流道式：流道式导叶中没有环状空间，用流道连接正反导叶，阻力损失比径向式小，结构尺寸相对较小，但是制造工艺比较复杂，如图 1-4 所示。

由于液体受到叶片的作用，压力和速度同时增加，经过导壳的流道而被引向次一级的叶轮。这样，逐次地流过所有的叶轮和导壳，进一步使液体的压力能量增加。将每个叶轮逐级叠加之后，就获得一定扬程。

多级离心泵因其高扬程的出力特性，在核电厂的安全注入系统，轴封水系统，主给水系统等一二回路重要系统中均扮演着重要角色。

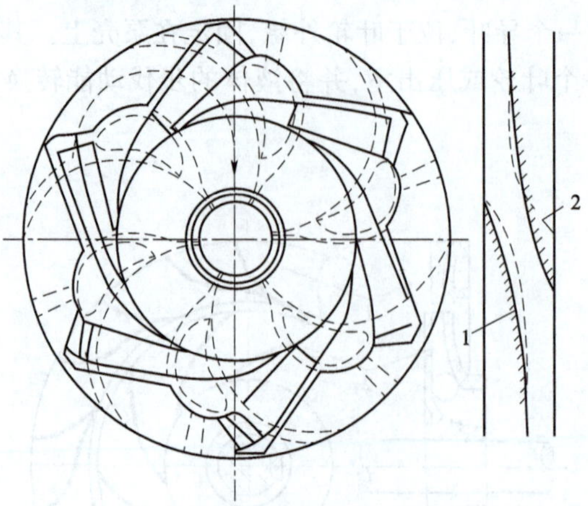


图 1-4　流道式导叶
1—流道式；2—径向式

## 1.2　多级泵结构

### 1.2.1　定子部分

主要由前段、中段、导叶、后段、轴承架和平衡室盖等零件用穿杠和螺母联成一体、前段、后段两侧用螺栓和螺母固定在泵座上，如图 1-5 所示。

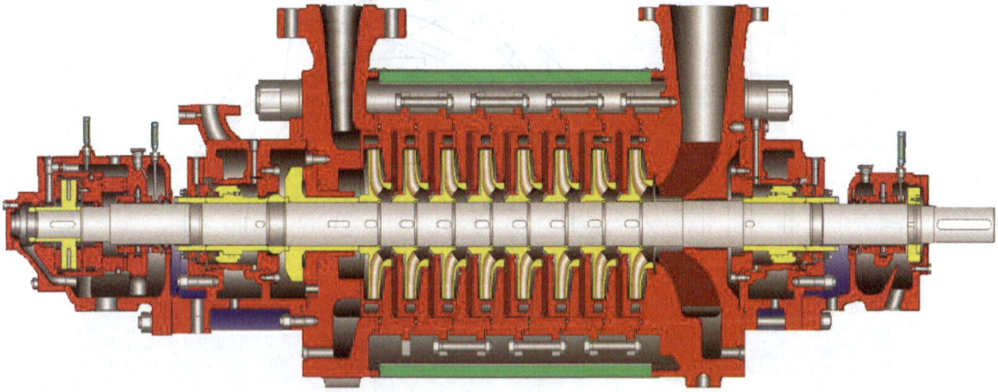

图 1-5　多级泵剖面

### 1.2.2　转子部分

主要由叶轮、叶轮挡套、平衡挡套、平衡盘及轴套零件用小圆螺母把紧，固定在轴上采用平键防转。整个转子支承在两端的轴承上。

## 1.2.3　轴承部分

传动端与自由端各有一轴承箱，典型的形式如图 1-6 所示。

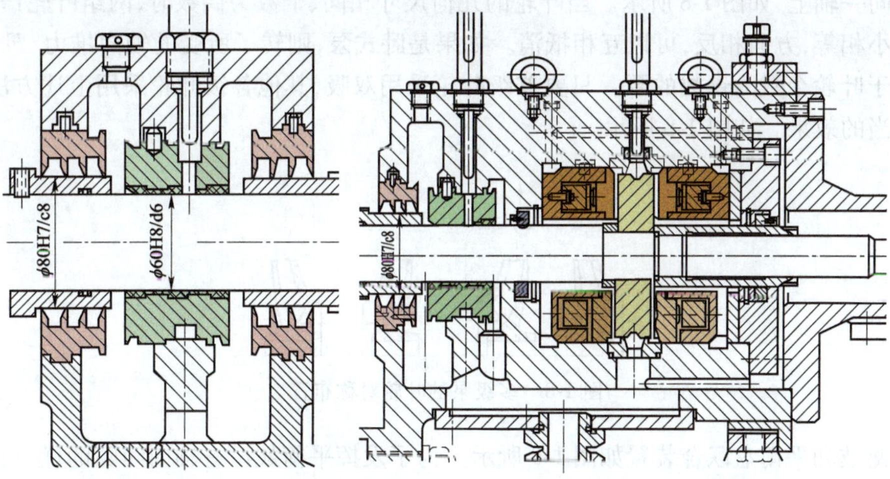


图 1-6　轴承箱

自由端轴承箱内部主要部件有油封环(红)、径向轴承(绿)、浮动密封(蓝色)、推力瓦(橙)和推力盘(黄)组成，传动端结构相对类似，具体零件请参考颜色加以区分。径向轴承(绿)主要作用是承担整个转子的重量，推力盘(黄)主要作用是和平衡装置一同控制转子轴向窜量，一降低振动，二使叶轮出口处于流道中心，保证泵的效率。

## 1.2.4　机械密封

现集装式机械密封越来越常见，因其结构优势，安装方便，易于维护。图 1-7 为某厂安注泵的集装式机械密封。其中，主密封由动环组(橙)与静环(绿)，其中还有备用动静环(蓝红)的存在，进一步加强安注泵在密封方面的可靠性，如图 1-7 所示。

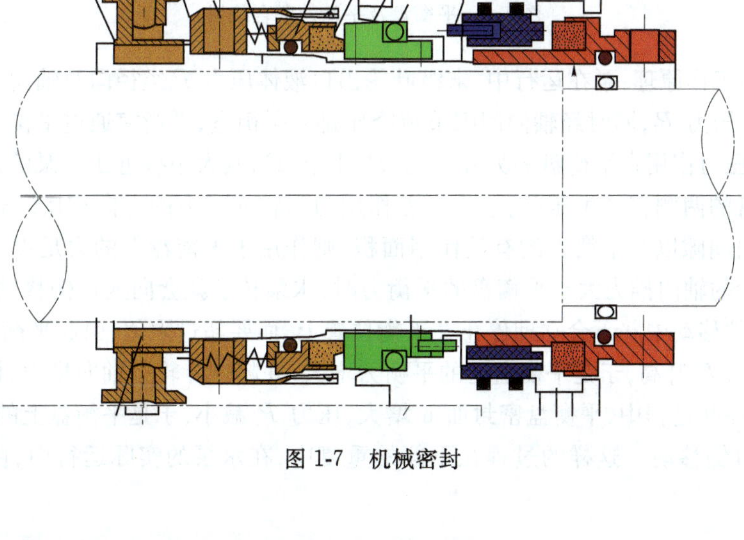

图 1-7　机械密封

## 1.2.5 多级泵轴向推力的平衡装置

叶轮对称布置是将多级泵的叶轮分成两组，按照两组叶轮进水方向相反的原则对称地布置在同一轴上，如图 1-8 所示。当叶轮的几何尺寸相同、个数为偶数时，两组叶轮产生的轴向力大小相等，方向相反，可以互相抵消。如果是卧式泵，则转子所受的轴向推力 $F$ 趋向于零。对于叶轮个数为奇数的泵。只要首级叶轮采用双吸，其他各级叶轮采用上述方法，也会获得相当的效果。如图 1-8 所示。

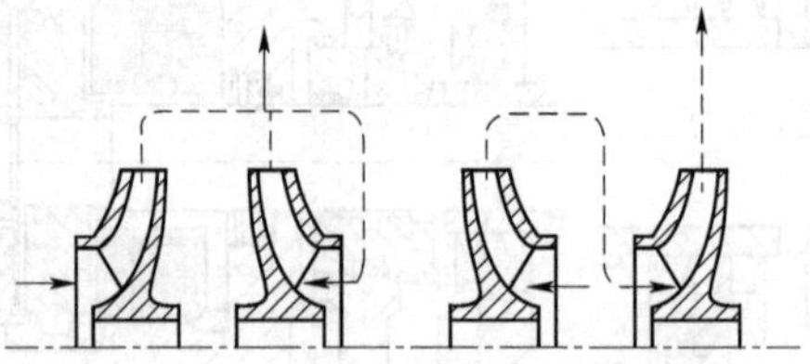

图 1-8 多级泵的叶轮对称布置

平衡鼓和平衡盘联合装置如图 1-9 所示。为了发挥平衡鼓没有轴向间隙的优点，不会像平衡盘那样，消除在工况变动时，因轴向窜动而导致静止的平衡套磨损，甚至发生动、静环间的磨损，咬死的事故。因此在大型高速泵的设计中，采用平衡鼓和平衡盘联合装置，由平衡鼓承担了 50%～80%的轴向推力，减少平衡盘的负载，可以使平衡盘的轴向间隙放大一些，避免转子窜动而导致动、静盘间的摩擦或咬死。平衡盘、平衡鼓及联合装置(如图 1-9 所示)：由于多级泵叠加的轴向推力很大，一般采用末级叶轮后同轴装设平衡盘、平衡鼓及联合装置的方法来平衡轴向推力。

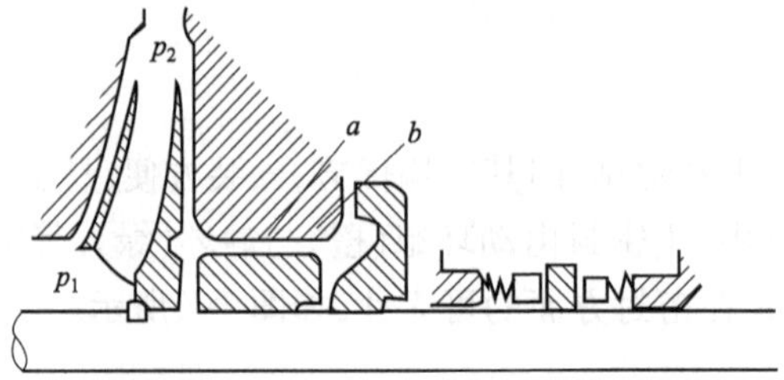


图 1-9 平衡盘及平衡鼓联合装置

平衡盘的工作原理：泵在运行中，末级叶轮出口液体压力 $P$ 经径向及轴向间隙对平衡盘正面作用一个压力 $P_1$，同时经轴向间隙节流降压排入平衡室，平衡室通过平衡管与泵的入口连通，室内的压力作用在平衡盘的另外一侧 $P_2$ 小于 $P_1$，其大小接近压力泵的入口压力 $P_0$。因此在平衡盘的两侧将产生压差，这个压差作用力与轴向推力的方向相反。通过选择适当的轴向和径向间隙以及平衡盘的有效作用面积，则作用于平衡盘上的力足以平衡泵的轴向推力。当叶轮的轴向推力大于平衡盘的平衡力时，水泵转子就会向入口侧移动，并由于惯性的作用，在这种移动中并不会立即停止在平衡位置上，而要超过限值，引起平衡盘密封面 a 的间隙减小，压力 $P_1$ 升高，于是平衡盘上的平衡力增大，并超过叶轮上轴向推力，把转子部件向出口侧移动，在此过程中，平衡盘密封面 a 增大，压力 $P_1$ 减小，于是平衡盘上的平衡力减小，把转子向入口侧移动。这样的过程在不停的重复中，在水泵的实际运行中，由于窜动量极小，所以外观上很难发现，如图 1-10 所示。

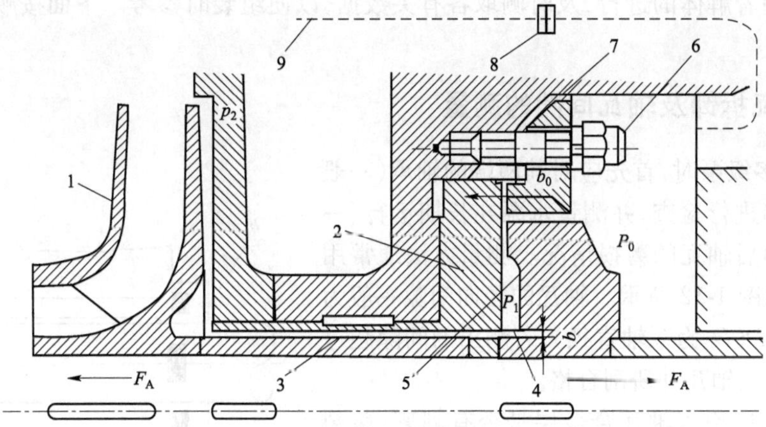


图 1-10　平衡盘

1—末级叶轮；2—平衡座；3—平衡套；4—平衡盘；5—中间室；6—平衡室；7—平衡座压盖；8—节流装置；9—接第一级吸入室

平衡鼓是叶轮与泵轴的圆柱体，其外圆表面与泵壳上的平衡套之间有很小的径向间隙 b，用平衡管将平衡室与首级叶轮进口连通。末级叶轮出口的液体压力 $P_1$，作用于平衡鼓前端，部分液体经间隙 b 漏入平衡室，而平衡室的压力几乎与泵入口压力 $P_0$ 相等，因此平衡鼓前后端存在压力差，该压力差作用力方向与轴向推力方向相反，起到抵消大部分轴向推力的作用，如图 1-11 所示。

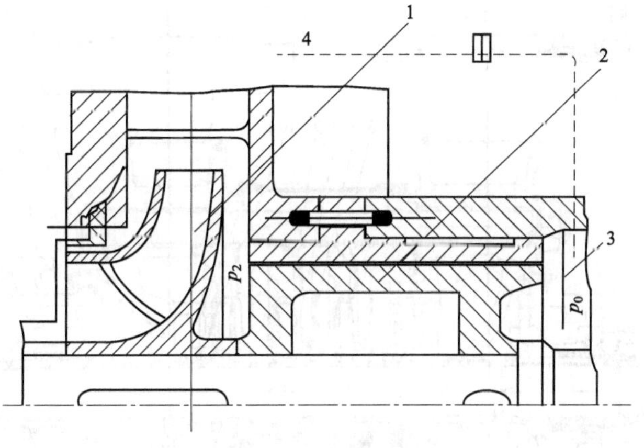


图 1-11　平衡鼓式

1—末级叶轮；2—平衡鼓；3—平衡室；4—接第一级吸入室

## 1.3　节段式多级高压水泵的检修

节段式多级高压水泵在核电厂中高压系统中广泛使用，如某核电厂的辅助给水泵选用的就是卧式节段多级式结构的离心泵，对于这种泵的检修，应该在对其解体前应先熟悉图纸、厂家的维修使用说明书和规程，了解泵的结构及拆装顺序，避免因失误而造成部件的损伤。同时，随着解体的进行，及时测取各有关数据，以便组装时参考。下面按顺序来介绍泵的解体。

### 1.3.1　轴瓦拆卸及轴瓦间隙的测量

在拆卸多级泵时，首先应对其两端的轴承(一般为滑动轴承)进行检查，并测量水泵在长期运行(一个大修间隔)后轴瓦的磨损情况。测量方法通常用压铅丝法，如图 1-12 所示。轴瓦的径向间隙一般为 1.5‰～2‰ $D$($D$ 为泵轴直径)，若测出的间隙超过标准，则应更换轴瓦并研刮合格。

此外，还应检查轴瓦合金层是否有剥离、龟裂等现象，若严重影响使用，则应更换。

在轴瓦检测完毕后，即可按顺序拆卸，并注意做好顺序、位置标记。

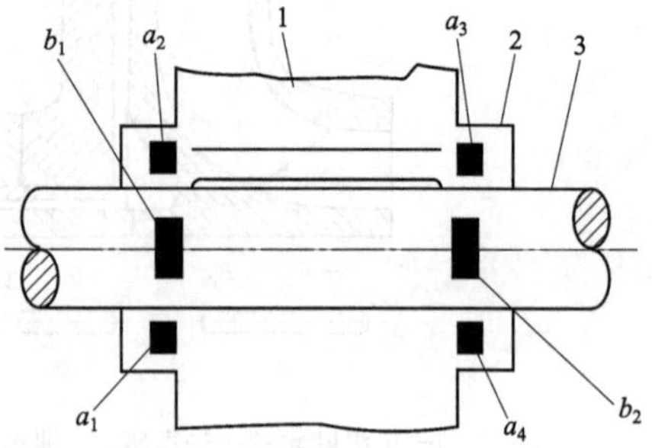


图 1-12　轴瓦间隙测量

1—轴承座；2—轴瓦；3—轴

泵的结构如图 1-13 所示。在分解两侧的上轴瓦并测量其间隙和紧力后，即可取出油挡。再退出填料压盖，取出盘根及水封环，然后即可将轴承座取下。相关解体工作应该从水侧开始解体，基本顺序为如下。

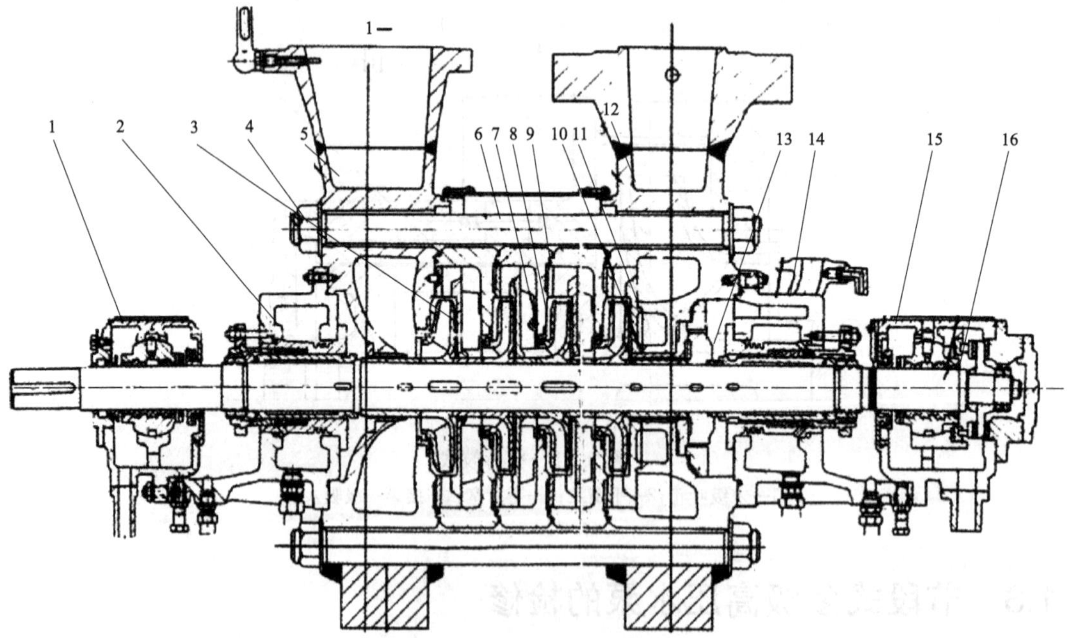


图 1-13　辅助给水泵的结构

1—轴承；2—首盖；3—叶轮；4—螺母；5—进水段；6—拉紧螺栓；7—导叶；8—密封环；9—中段；10—齿形垫；11—平衡套；12—出水段；13—平衡盘；14—尾盖；15—轴承；16—轴

1）首先松开大螺母并取下拉紧泵体的穿杠螺栓，然后依次拆下出口侧填料室及动、静平衡盘部件。拆除的同时，要做好测量这些部件的调整套、齿形垫等的尺寸的工作。

2）拆下出水段的连接螺栓，并沿轴向缓缓吊出出水段，然后退出末级叶轮及其传动键、定距轴套，接着可逐级拆出各级叶轮及各级导叶、中段。拆出的每个叶轮及定距轴套都应做好标记，以防错装。

在拆卸叶轮时，需用定位片测量叶轮的出口中心与其进水侧中段的端面距离，如图 1-14 所示。叶轮的流道应与导叶的流道对准，否则应找出原因。

在泵体的分解过程中，需注意以下事项。

1）拆下的所有部件均应存放在清洁的木板或胶垫上，用干净的白布或纸板盖好，以防碰伤经过精加工的表面。

2）拆下的橡胶、石棉密封垫必须更换。若使用铜密封垫，重新安装前要进行退火处理；若采用齿形垫，在垫的状态良好及厚度仍符合要求的情况下可以继续使用。

3）对所有在安装或运行时可能发生摩擦的部件，如泵轴与轴套、轴套螺母，叶轮和密封环，均应涂防咬剂（其中不能含有油脂）。

4）在解体前应记录转子的轴向位置（将动、静平衡盘保持接触），以便在修整平衡盘的摩擦面后，可在同一位置精确地复装转子。

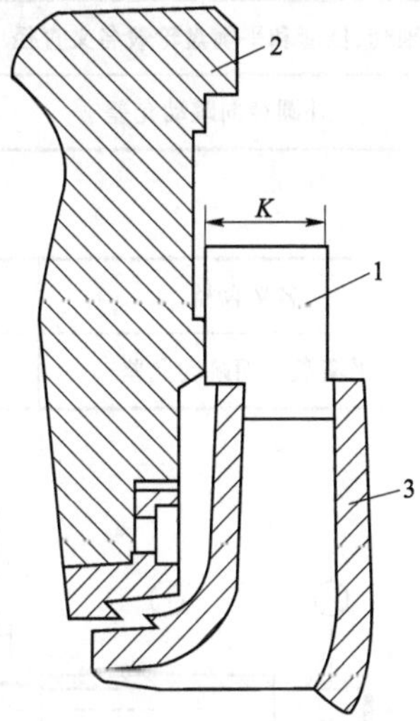


图 1-14　叶轮出口定位片测量

1—定位片；2—进水段；3—叶轮

## 1.3.2　转子部件的检修

转子部件主要有泵轴、叶轮和平衡盘等。水泵能否长期安全可靠地运行，与转子的结构、平衡精度及装配质量有密切的关系。零部件的检查与维修基本与单级悬臂式离心泵的部件检查相同，在此不再重复，在此主介绍多级泵试装等工作。

转子试装可以按以下步骤进行：

1）将所有的键都按号装好，以防因键的位置不对而发生轴套与键顶住的现象。

2）将所有的密封圈等按位置装好，把锁紧螺母紧好并记下出口侧锁紧螺母至轴端的距离，以便水泵正式组装时作为确定套装部件紧度的依据。

3）在紧固轴套的锁紧螺母时，应始终保持泵轴在同一方位（如保持轴的键槽一直向上），而且在每次测量转子晃度完成后应松开锁紧螺母，待下次再测时重新拧紧。每次紧固锁紧螺母时的力量以套装部件之间无间隙、不松动为准，不可过大。

4）各套装部件装在轴上时，应根据各自的跳动值大小和方位合理排序，防止晃度在某一个方位的积累。装好转子各套装部件并紧好锁紧螺母后，再用百分表测量各部件的径向跳动是否合格。若超出标准，则应再次检查所有套装部件的端面跳动值，直至符合要求。测量转子跳动时，应使转子不能来回窜动且在轴向上不受太大的力，如图 1-15 所示。最后，检查组装好的转子各部位的跳动允差值应控制在表 1-1～表 1-3 所列数值范围内。

表 1-1 叶轮密封环径向跳动允差/mm

| 叶轮密封环名义直径 | ≤50 | 51～120 | 121～260 | 261～500 |
|---|---|---|---|---|
| 密封环外圆径向跳动允差 | 0.06 | 0.08 | 0.09 | 0.10 |

表 1-2 轴套、挡套和平衡盘轮毂径向跳动允差/mm

| 轴套、挡套和平衡盘轮毂名义直径 | ≤50 | 51～120 | 121～260 | 261～500 |
|---|---|---|---|---|
| 外圆径向跳动允差 | 0.03 | 0.04 | 0.05 | 0.06 |

表 1-3 平衡盘端面跳动允差/mm

| 名义直径 | 50～120 | 121～260 | 261～500 |
|---|---|---|---|
| 平衡盘端面跳动允差 | 0.04 | 0.05 | 0.06 |

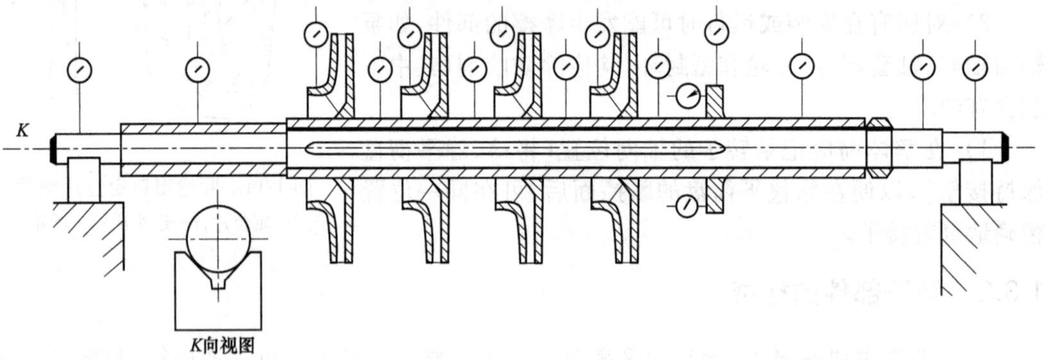


图 1-15 转子跳动检查

1）检查各级叶轮出水口中心距离是否相符，并测量末级叶轮至平衡盘端面之间的距离以确定好调整套的尺寸。

2）在试装结果符合质量要求并做好记录后，即可将各套装部件解体，以待正式组装。将水泵的所有部件都经清理、检查和修整以后，就可以进行总装工作了。组装水泵按与解体时相反的顺序进行，回装完成后即可开始如下的调整工作。

## 1.3.3 泵的组装

准备好一块定位片（其宽度 $K$ 是经测量后得出的），把定位片插入首级叶轮的出水口。将转子推至定位片与进水段侧面接触（此时首级叶轮与挡套、轴肩不能脱离接触而产生间隙），这时叶轮出水口中心线应正好与导叶入水口中心线对齐。在与入口侧填料室端面齐平的地方用划针在轴套外圆上划线，以备回装好平衡装置后检查出水口的对中情况和叶轮在静子中的轴向位置。

### 1.3.4　测量总窜动

测量总窜动的方法是:装入齿形垫,不装平衡盘而用一个旧挡套代替,装上轴套并紧固好锁紧螺母后,前后拨动转子,在轴端放置好的百分表的两次指示数值之差即为轴的总窜动量。

另外,也可采用只装上动平衡盘和轴套的方式,将轴套锁紧螺母紧固到正确位置后,前后拨动转子,两次测量对轮端面距离之差即为转子的总窜动量。

不论采用何种方式测量总窜动量,在拨动转子的同时,用划针在轴套外圆上以入口侧填料室端面为基准划线,往出口侧拨动划线为 a,往入口侧拨动划线为 b,则首级叶轮出水口对中定位时的划线 c 应大致处于 ab 线的中间。当调整转子轴向位置时,应以此线(c 线)作为参考。

### 1.3.5　转子与静止部分的同心度的调整

水泵的本体部分组装完成后,即可回装两端的轴承,其步骤为:

1）在未装下轴瓦前,使转子部件支承在静止部件如密封环、导叶衬套等的上面。在两端轴承架上各放置好一个百分表。

2）用撬棒将转子两端同时平稳地抬起(使转子尽量保持水平),做上、下运动,记录百分表上下运动时的读数差,此差值即转子同静止部件的径向间隙$\Delta d$。

3）将转子撬起,放好下轴瓦,然后用撬棒使转子做上、下运动,记录百分表的读数差 $\delta$,直至调整到 $\delta=\frac{\Delta d}{2}$。调整时可以上下移动轴承架下的调整螺栓,或是采用在轴承架止口内、轴瓦与轴承架的结合面间加垫片的方法来进行。

4）在调整过程中,要保持转子同静子之间的同心度,方法同上(需把下轴瓦取出)。测量时,可用内卡测出轴颈是否处于轴承座的中心位置。

至此即可紧固好轴承架螺栓,打上定位销了。

5）完成上述工作后,可研刮轴瓦和检验其吻合程度,回装好轴承。要求轴瓦紧力一般为±0.02 mm,轴瓦顶部间隙为 0.12～0.20 mm,轴瓦两侧间隙为 0.08～0.10 mm。

### 1.3.6　其余工作

水泵的检修至此已算基本完成,余下的一些后期工作,如找正、轴封或盘根和试运转等。

# 第二章 轴 承

## 2.1 轴承历史

早在上古时期，人类已经知道滚动摩擦的阻力比滑动摩擦阻力要小这样一种现象，在古埃及和美索不达米亚，人们搬运石块和雕像时，已会在下面垫上圆木，这可算是最原始木制轴承雏形了。约在公元前 14 世纪，中欧的塞欠特人在车轴和轮毂之间嵌入木圈，磨损后可以更换。这种圆圈状轴承现在称作"滚动NSK轴承"，首先使用滚柱FAG轴承的也是塞尔特人，他们在轮毂上的 NTN 轴承内装上木滚柱。滚柱 INA 轴承的发明和使用始于中世纪，当时，使用 IKO 轴承最多的是磨坊。但每一个绘制出滚珠 KOYO 轴承构造图，作了技术说明并进行了注册登记的人，是自行车发展初期的法国机械师皮埃尔·絮里雷。从此以后，滚珠 TIMKEN 轴承才开始广泛应用于车辆的轮轴。

## 2.2 轴承原理

轴承的原理非常简单：物体滚动比滑动容易。汽车轮子就如同大型轴承。如果用雪橇代替车轮，汽车道路上前进就困难得多。这是因为当物体滑动时，两个物体之间的摩擦产生摩擦力使滑动速度减慢。但如果两个物体表面可以相互滚动，摩擦力就会大大减小。轴承利用光滑的金属滚珠或滚柱以及润滑的内圈和外圈金属面来减小摩擦。这些滚珠或滚柱"承载"着负载，使设备可以平稳旋转。

## 2.3 滚动轴承

### 2.3.1 滚动轴承的基本结构

以滑动轴承为基础发展起来的滚动轴承，其工作原理是以滚动摩擦代替滑动摩擦，一般由两个套圈，一组滚动体和一个保持架所组成的通用性很强、标准化、系列化程度很高的机械基础件(见图 2-1)。

内圈、外圈和滚动体的材料通常采用强度高、耐磨性好的专用钢材，如高碳铬轴承钢、渗碳轴承钢等，淬火后硬度不低于 61HRC～65HRC 洛氏硬度值，滚动体和滚道表面要求磨削抛光。保持架常选用减摩性较好的材料，如铜合金、铝合金、低碳钢及工程塑料等。

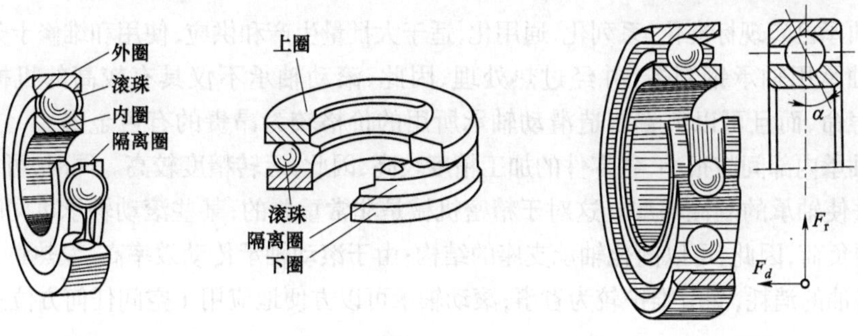


(a) (b) (c)

图 2-1 滚动轴承

## 2.3.2 滚动轴承的分类

按滚动轴承所能承受的载荷方向,主要分为向心轴承和推力轴承两大类,前者主要承受径向载荷,后者承受轴向载荷。滚动体与套圈接触处的法线与轴承径向平面间的夹角称为轴承的接触角。公称接触角用 $\alpha$ 表示,轴承所能承受载荷的方向及大小均与其有关,它是滚动轴承重要的几何参数。按公称接触角 $\alpha$ 的不同,可分为向心轴承和推力轴承。

| 轴承类型 | 向心轴承 | | 推力轴承 | |
|---|---|---|---|---|
| | 径向接触轴承 | 向心角接触轴承 | 推力角接触轴承 | 轴向接触轴承 |
| 公称接触角 $\alpha$ | $\alpha=0°$ | $0°<\alpha\leqslant 90°$ | $0°<\alpha<90°$ | $\alpha=90°$ |
| 轴承举例 | 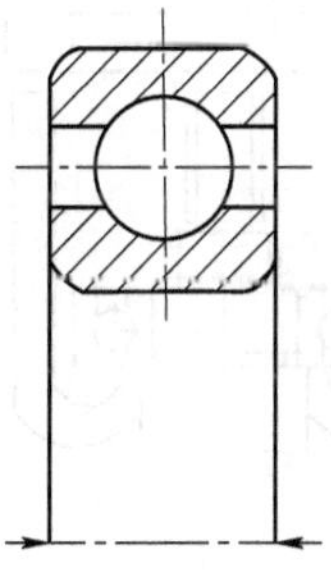 深沟球轴承 | 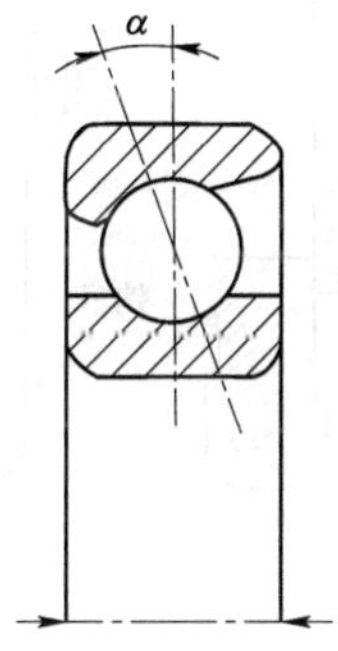  角接触球轴承 | 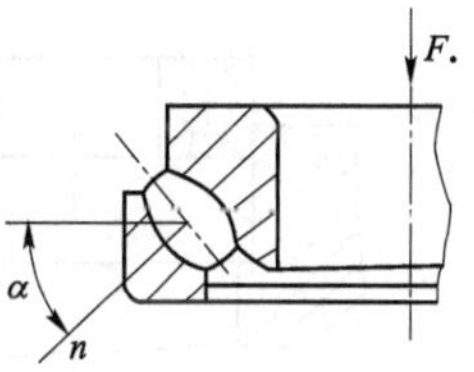  推力调心滚子轴承 | 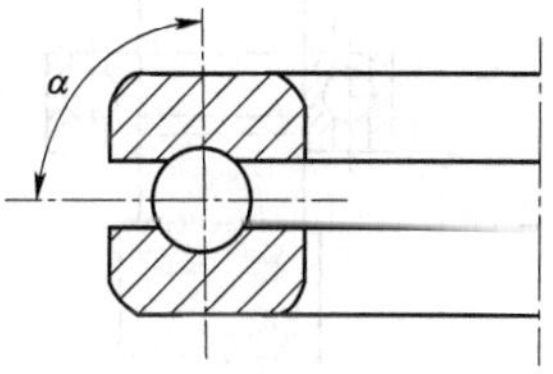  推力球轴承 |

轴承按其滚动体的种类,可分为球轴承、滚子轴承、滚针轴承、圆锥滚子轴承和调心滚子轴承。

## 2.3.3 滚动轴承的特点

滚动轴承与滑动轴承相比,具有下列优点:

滚动轴承的摩擦系数比滑动轴承小,传动效率高。一般滑动轴承的摩擦系数为 0.08~0.12,而滚动轴承的摩擦系数仅为 0.001~0.005。

滚动轴承已实现标准化、系列化、通用化，适于大批量生产和供应，使用和维修十分方便。

滚动轴承用轴承钢制造，并经过热处理，因此，滚动轴承不仅具有较高的机械性能和较长的使用寿命，而且可以节省制造滑动轴承所用的价格较为昂贵的有色金属。

滚动轴承内部间隙很小，各零件的加工精度较高，因此，运转精度较高。同时，可以通过预加负荷的方法使轴承的刚性增加。这对于精密机械是非常重要的；某些滚动轴承可同时承受径向负荷和轴向负荷，因此，可以简化轴承支座的结构；由于滚动轴承传动效率高，发热量少，因此，可以减少润滑油的消耗，润滑维护较为省事；滚动轴承可以方便地应用于空间任何方位的轴上。

### 2.3.4 滚动轴承的装配和拆卸

1）装配

装配滚动轴承时，不可用手锤直接敲打轴承外圈和内圈，这样受力不均，容易倾斜，应加附具。当轴承内圈与轴过盈较小时，可用铜或软钢制的套筒垫在内圈端面上用手锤敲入。当过盈较大时，对于尺寸较小的轴承可用压入法，即用压力机在内圈上施加压力将轴承压套入轴颈中，对于尺寸较大的可用热胀法，即把内圈放在热油中加热，然后用压力机装在轴颈上，如图 2-2(a)、(b)所示。轴承上标有规格、牌号的端面应装在可见部位，以便将来更换。

2）拆卸

最简单的办法是用錾子顶在内圈或外圈端面上，用手锤在周边轻轻敲击将轴承拆下。一般使用拉出器拆卸，使用时将钩爪紧挂在内圈上，螺杆顶在轴端面，用手柄旋进螺杆，就能把轴承拉出，如图 2-2(c)所示。

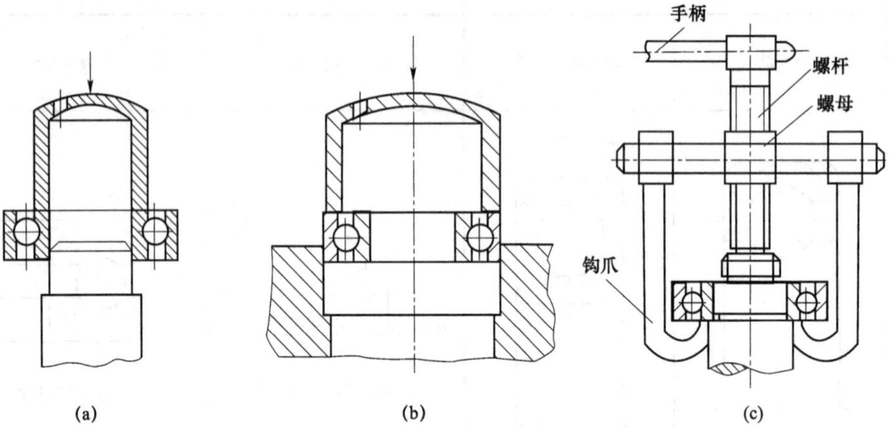


图 2-2 滚动轴承的装配和拆卸

## 2.4 滑动轴承

### 2.4.1 滑动轴承概述

支承轴并与其构成滑动摩擦副的零件称为轴瓦，轴被支撑的部分称为支承轴颈，支承轴瓦的轴承座。轴颈、轴瓦、轴承座，加上将润滑油送入摩擦表面的润滑与密封装置等组成滑动轴承。

根据承受载荷的方向，滑动轴承主要分为向心滑动轴承（主要承受径向载荷，见图 2-3）；推力滑动轴承（承受轴向载荷，见图 2-4）。

根据轴颈和轴瓦间的摩擦状态，滑动轴承分为液体摩擦滑动轴承与非液体摩擦滑动轴承。

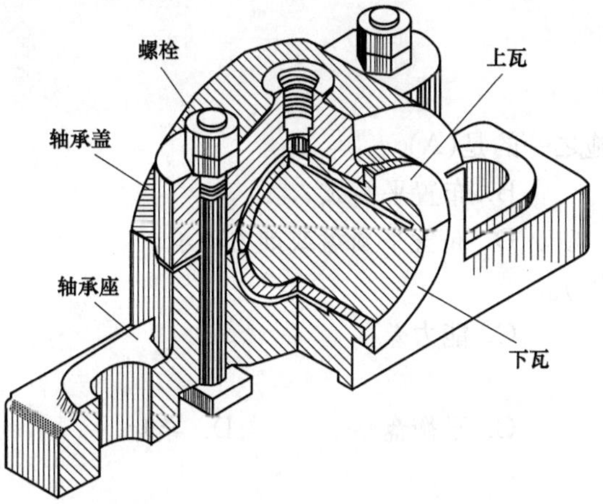


图 2-3　剖分式径向滑动轴承

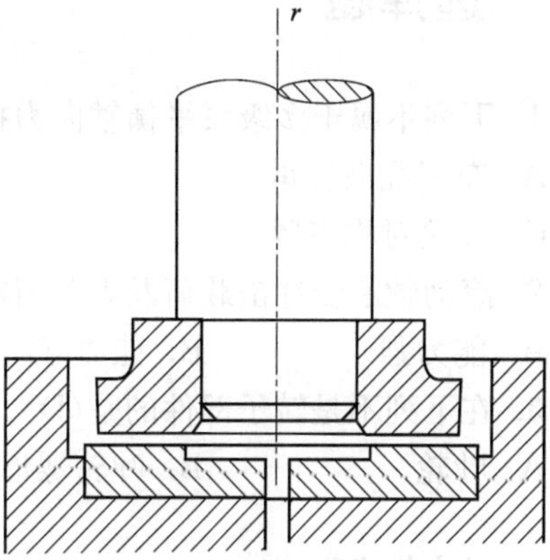


图 2-4　推力滑动轴承

## 2.4.2　滑动轴承的特点和应用

1）工作转速特高的轴承
2）要求轴的支承位置特别精确、旋转精度高
3）特重型轴承
4）承受巨大的冲击和振动的轴承
5）根据装配要求必须做成剖分式的轴承
6）要求轴承的空间尺寸小时

# 第三章　习　题

## 3.1　选择题

1. 下列不属于多级泵平衡轴向力措施之一的是(A)。

A. 布置径向轴承　　B. 布置平衡鼓

C. 叶轮对称布置　　D. 布置平衡盘或推力轴承

2. 滚动轴承受冲击载荷及大载荷的(C)。

A. 能力强　　B. 能力好　　C. 能力差

3. 在下列不是转子部件的是(D)。

A. 叶轮　　B. 叶轮螺母　　C. 平衡盘　　D. 导叶

## 3.2　判断题

1. 多级离心泵中的工作介质逐次地流过所有的叶轮和导壳,使液体的压力能量增加,将每个叶轮逐级叠加之后,就获得一定扬程。(√)

2. 泵的振动大小与平衡鼓的装配优劣无关。(×)

3. 测量推力盘间隙只要将塞尺直接塞入推力瓦块与推力盘间,此法既方便又准确。(×)

## 3.3　简答题

简述滑动轴承的特点和应用。

答:1)工作转速特高的轴承

2) 要求轴的支承位置特别精确、旋转精度高

3) 特重型轴承

4) 承受巨大的冲击和振动的轴承

5) 根据装配要求必须做成剖分式的轴承

6) 要求轴承的空间尺寸小时

# 第十部分　柱塞泵

## 第一章　操作准备

### 1.1　原理描述

#### 1.1.1　柱塞泵的工作原理

随着柱塞在液缸内的往复运动，吸、排阀组交替地启闭，液体被不断吸入和排出。

吸入过程：当柱塞向后始点运动时，液缸腔容积增大，压力降低，腔室内外的压差逐步增大；排出阀在压差作用下越关越紧；当压力降低到某一位置时，吸入池中的液体在压力差的作用下，克服吸入阀的阻力损失，进入液缸腔中，随着后始点的接近，逐渐充满整个液缸腔；此时往复运动速度接近为零，吸入阀在自重(或弹簧力)作用下回座(落)关闭。

排出过程：当柱塞往前始点运动时，液体被挤压，液缸腔内的压力急剧增加，在这一压力作用下，吸入阀被向下压紧关闭，排出阀被顶开，此时液腔内排出压力超过了排出系统的背压，液缸内的液体在压力差作用下被送到排出管路中去。

在往复作用下，往复泵就不断地完成吸入和排出液体的过程。

在每个吸入行程中，排出阀就位(关闭)，而在每个排出行程中，吸入阀就位(关闭)，这种操作模式阻止了回流，并确保液体从吸入端进入液缸腔从排出端排出。仅当排出压力大于吸入压力时，方可获得精确的流量控制。

相关设备结构及工作原理示意图见图 1-1～图 1-6。

#### 1.1.2　柱塞泵结构和作用

柱塞泵计量泵结构由传动机座部件和液缸部件两部分组成。

传动机座部件由电动机、电机托架、传动箱(内含蜗轮付、曲柄连杆机构、N 形轴式行程调节机构)、液缸托架等组成。

曲柄连杆机构：它是将旋转运动转化为往复运动的典型结构(还有偏心凸轮机构)。

基本部分：旋转中心与活塞(十字头)处于同一平面；有偏心长度；有一连杆传递动力。

运动原理：电机通过联轴器、减速机带动 N 轴做旋转运动，连杆大头随着 N 轴旋转，连杆小头由于与十字头相连，并被滑套限位，无法旋转，只能在连杆的带动下随着曲轴的旋转作往复直线运动。

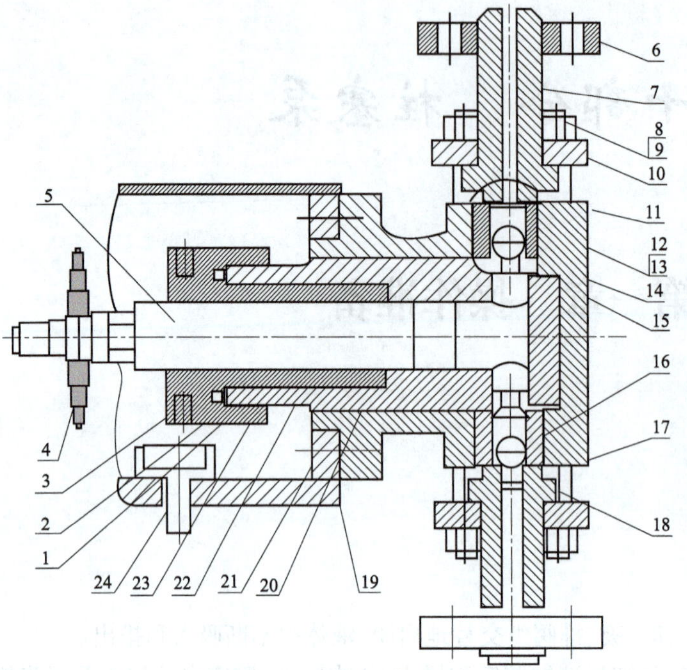


| 序号 | 名称 | 序号 | 名称 |
|---|---|---|---|
| 12 | 限位片（甲） | 24 | 漏斗 |
| 11 | 套 | 23 | 填料 |
| 10 | 压板 | 22 | 柱塞衬套 |
| 9 | 螺柱 | 21 | 柱塞衬套 |
| 8 | 螺母 | 20 | 液缸托架 |
| 7 | 管子 | 19 | 托架盖 |
| 6 | 法兰 | 18 | 垫片 |
| 5 | 柱塞 | 17 | 吸阀座 |
| 4 | 挡液圈 | 16 | 阀套 |
| 3 | 填料压盖 | 15 | 排阀座 |
| 2 | 填料螺母 | 14 | 阀球 |
| 1 | 液缸体 | 13 | 限位片（乙） |

图 1-1 柱塞泵液力端

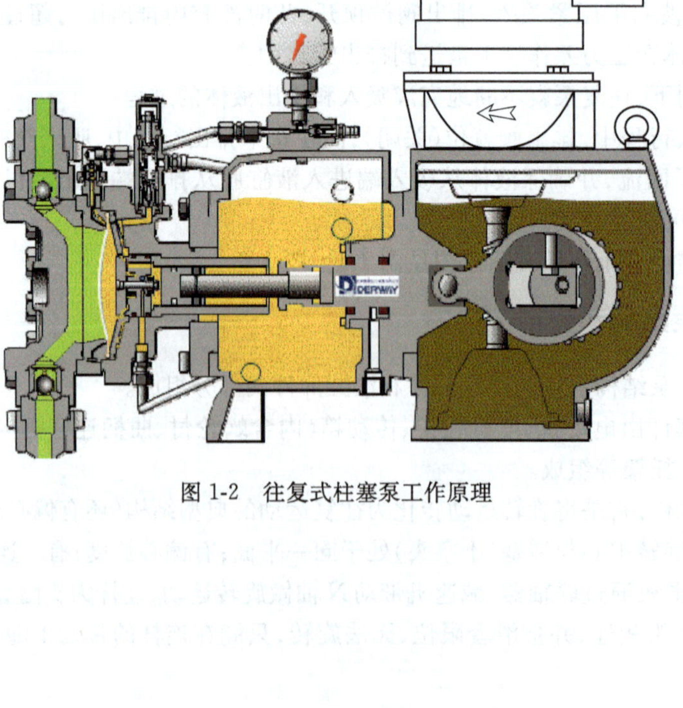

图 1-2 往复式柱塞泵工作原理

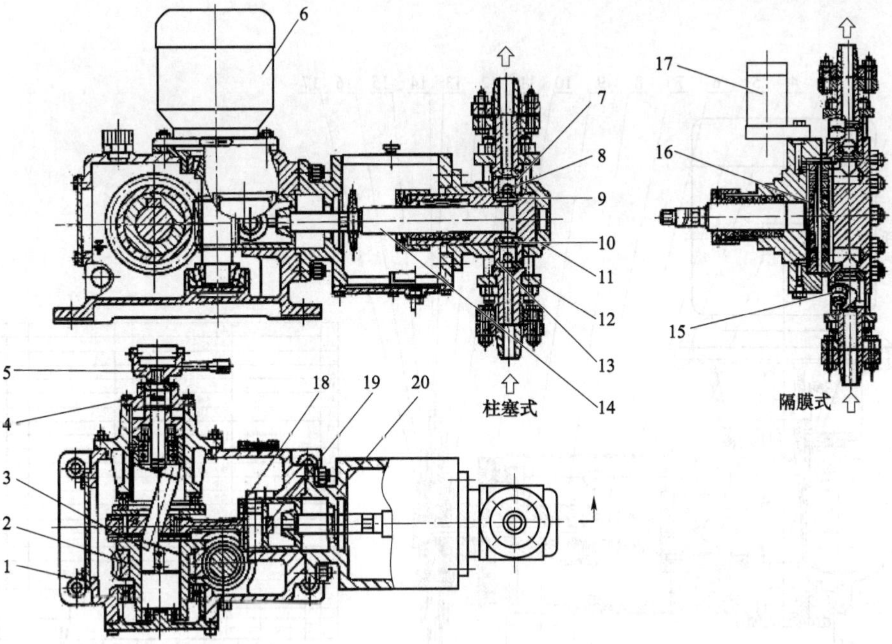


图 1-3　N 形轴调节计量泵

1—传动箱体；2—蜗轮部件；3—N 轴部件；4—调节螺杆部件；5—调节手轮；6　电动机；7—阀套；8—阀球；9—出口阀；10—套；11—缸体；12—填料；13—进口阀；14—柱塞；15—充液阀组；16—隔膜；17—安全补油阀组；18—十字头；19—连杆；20—托架

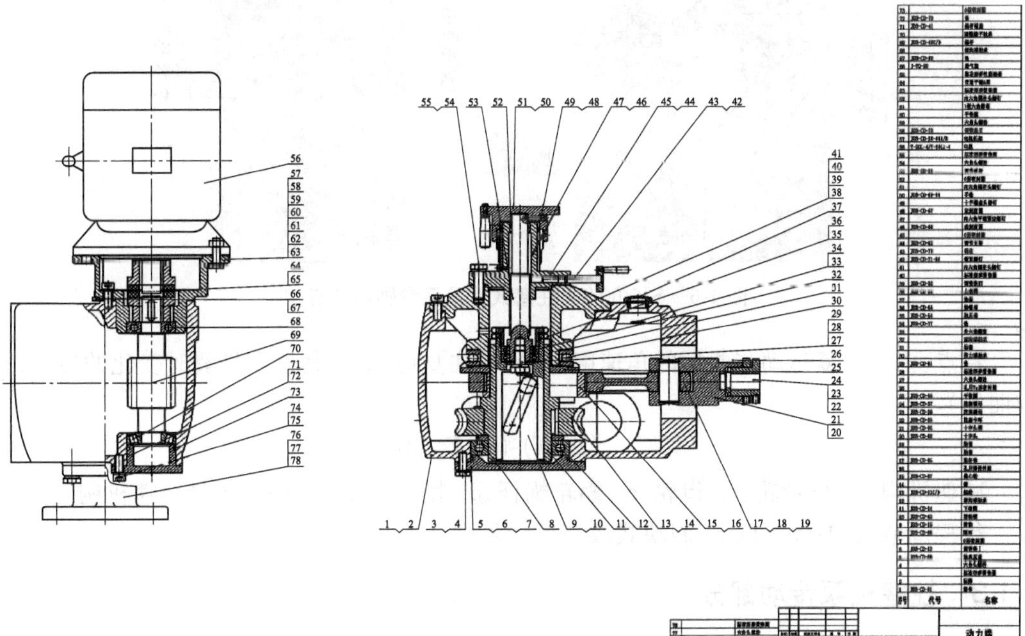


图 1-4　滑轴调节计量泵传动端

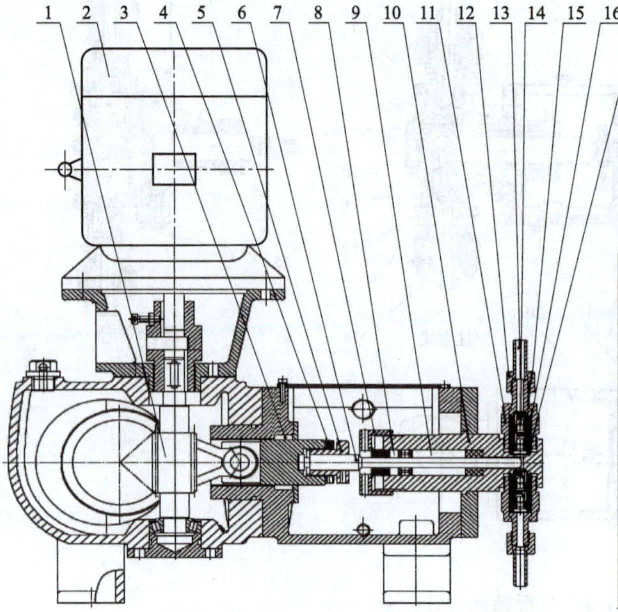


| 序号 | 代号 | 名称 | 数量 | 材料 | 单件重量 | 总计重量 | 备注 |
|---|---|---|---|---|---|---|---|
| 17 | | 阀垫 | | | | | |
| 16 | | 阀座 | | | | | |
| 15 | | 阀套 | | | | | |
| 14 | | 球阀 | | | | | |
| 13 | | 接管 | | | | | |
| 12 | | 接管螺母 | | | | | |
| 11 | | 压阀螺母 | | | | | |
| 10 | | 液力端 | | | | | |
| 9 | | 填料 | | | | | |
| 8 | | 填料 | | | | | |
| 7 | | 填料压母 | | | | | |
| 6 | | 柱塞 | | | | | |
| 5 | | 柱塞压母 | | | | | |
| 4 | | 柱塞锁母 | | | | | |
| 3 | | Y型密封 | | | | | |
| 2 | | 电机 | | | | | |
| 1 | | 动力端 | | | | | |

SJ型柱塞计量泵(小流量)结构图

图 1-5 SJ5-60/11 柱塞式计量泵(实操模拟体)

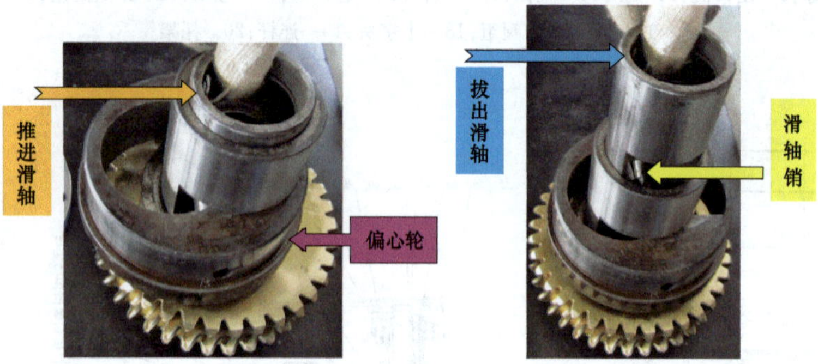


图 1-6 SJ5-60/11 柱塞式计量泵滑轴调节机构

特点:由于往复运动与曲柄的角速度有关,在往复运动时,其速度是瞬时变化的(近似正弦曲线)。

$$(L+E)-(L-E)=2E$$

减速机构:a. 皮带轮、b. 齿轮、c. 蜗轮蜗杆、d. 摆线针轮、e. 中间另带减速机构。

行程调节机构:停车调节,斜块式改变行程长度。

## 1.1.3 柱塞柱泵传动部分

传动机座部件由电机带动蜗杆旋转,通过蜗轮、下套筒,将动力传递给 N 形轴。N 形轴与偏心块带动曲柄连杆机构和十字头,驱动柱塞做往复运动;通过 N 形轴和行程调节机构调节回转偏心来调节柱塞的行程,从而调节流量大小;液缸部件通过吸入、排出阀组输送液。

### 1.1.4 行程调节机构及调量表

泵的行程调节机构位于传动箱的上部,用于拖动 N 形轴的上下移动。当调节转盘顺时针旋转时,小螺旋齿轮带动大螺旋齿轮、调节螺杆转动,拖动调节螺母和N形轴上下移动,改变了偏心距,从而达到流量调节的目的。当N形轴在下限位置时行程为0%,当N型轴在上限位置时行程为100%。随着N形轴位置从下限向上限位置提升(调节),柱塞行程将从0～100%呈线性变化。调量表紧固在调节转盘内,当旋转调节转盘时,调量表上的长短二针借助重锤式差动轮系转动;表盘上的读数由内外两圈刻度组成,刻度均为100格;当外圈长针转动一圈时,内圈短针转动一格,短针所示刻度即为计量泵行程调节百分值。

### 1.1.5 液缸部件

液缸部件是计量泵的重要部件之一,柱塞式计量泵液缸部件主要由液缸体、柱塞、吸入和排出阀组以及填料等组成。吸入和排出过程如图 1-7 所示。

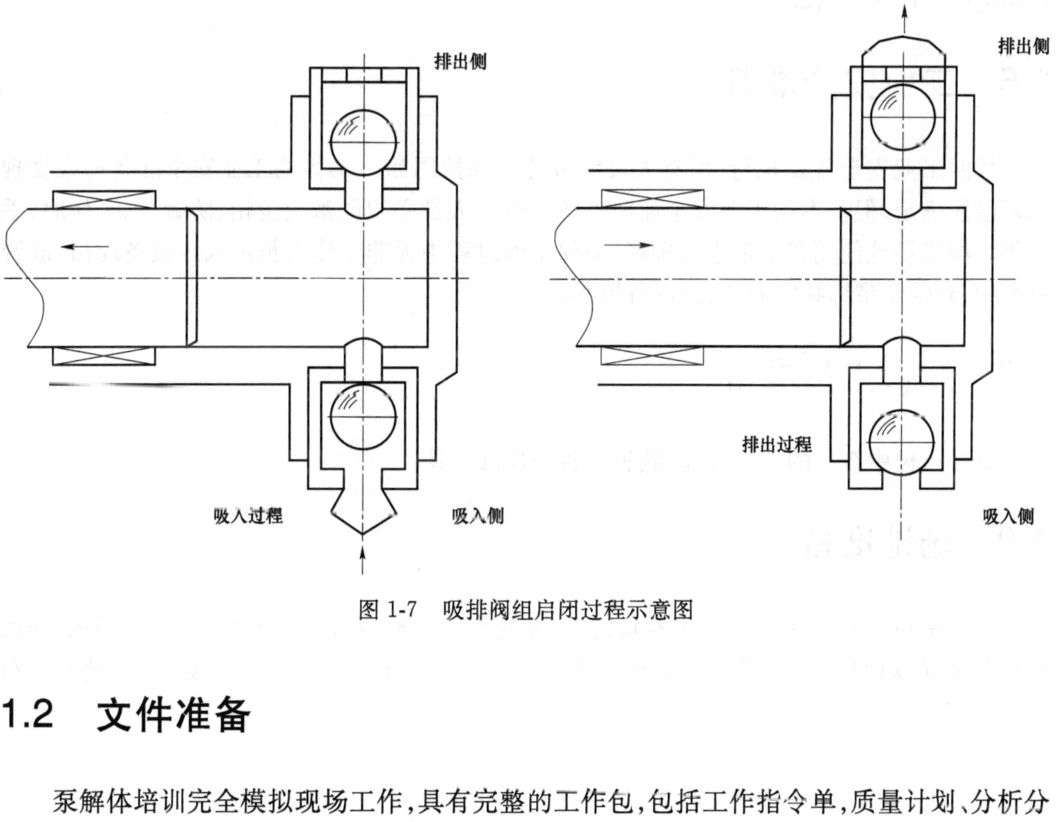


图 1-7　吸排阀组启闭过程示意图

## 1.2 文件准备

泵解体培训完全模拟现场工作,具有完整的工作包,包括工作指令单,质量计划、分析分析、领料单、耗材清单、隔离指令等,规程使用,工前会、工后会、设备信息收集单等。

## 1.3 工器具准备

梅花扳手 2 套;梅花扳手 1 套;内六角扳手 1 套;一字螺丝刀;2 磅手锤 1 把;Φ 15 mm 铜

棒1根;拉马1个;轴承加热器1套;油盆1个;力矩扳手8～20 N·m一把;游标卡尺200 mm一把;刀口尺、塞尺100 mm一把;钢板直尺500 mm一把;百分表2个,百分表座2个,V型铁2个。

## 1.4 模拟体准备

培训楼模拟体,模拟体处于可用状态。检查模拟体是否有损坏,核实可否正常动作,以确保教学过程的顺利实施。

## 1.5 辐射防护准备

培训楼模拟体无辐射风险,教学过程中需要模拟实施辐射防护,需要说明在现场实际工作中所要采取的防护措施。根据不同的辐射水平,所采取的辐射防护措施也有所不同,具体依照现场工作环境而确定。

## 1.6 工业安全准备

按照工业安全规定执行,所有人员穿戴劳动保护用品。具体的工业安全准备需根据现场环境而确定,但基本的工业安全需要准备。所有人员必须佩戴安全帽、防砸鞋、工作服、手套等。检修场地使用警示带进行围栏,确保工作过程中无非工作人员进入。设备起吊、放置过程中,确保吊带绑扎牢固,防止设备掉落。

## 1.7 配合人员准备

具备机械中级工的检修技能,熟悉设备和检修工具。

## 1.8 场地准备

现场铺设塑料布用于摆放工器具;铺设橡胶板用于放置解体后的部件;清理场地,确保检修场地无其他异物;合理分配场地,确保工具、设备的合理分布,方便检修;在场地外围布置警示带。

# 第二章　操作实施

## 2.1　柱塞泵解体

柱塞泵解体见表 2-1。

**表 2-1　柱塞泵解体**

| 序号 | 操作步骤 | 操作要求 | 工器具 | 测评标准 | 备注 |
|---|---|---|---|---|---|
| 1 | 设备隔离，介质排空，气源隔离 | 此步骤为现场实施，模拟体模拟实施 | 手电 | 模拟检查 | |
| 2 | 拆除进出口管活结 | 出口管道实施防异物措施，使用容器接收管道以及泵体中的余液 | 常用两用扳手 | 防异物措施到位、现场注意废液收集 | |
| 3 | 对中检查 | 记录相关尺寸 | 刀口尺、手电 | 相关部件标识记号清晰、不发生拆卸过程中损坏 | |
| 4 | 拆除地脚螺栓，把泵内部润滑油倒到指定油盘内，并把泵挪到检修指定位置 | 按照顺序依次拆卸、各部件相对位置进行标识，使用容器接收管道以及泵体中的余油 | 内六角、常用两用扳 | 相关部件标识记号清晰、不发生拆卸过程中损坏、现场注意废液收集 | |
| 5 | 拆除泵头 | 按照顺序依次拆卸、各部件相对位置进行标识 | 内六角、常用两用扳 | 相关部件标识记号清晰、不发生拆卸过程中损坏 | |
| 6 | 拆除进、出口单向阀组件 | 按照顺序依次拆卸、各部件相对位置进行标识 | | 相关部件标识记号清晰、不发生拆卸过程中损坏 | |
| 7 | 拆卸油封 | 按照顺序依次拆卸、各部件相对位置进行标识、密封件进行初步检查 | 内六角、常用两用扳 | 相关部件标识记号清晰、不发生拆卸过程中损坏、进行密封件的检查 | |
| 8 | 取出蜗杆 | 按照顺序依次拆卸、各部件相对位置进行标识、部件进行初步检查 | 内六角、常用两用扳 | 相关部件标识记号清晰、不发生拆卸过程中损坏、进行部件的检查 | |

## 2.2　往复泵零部件清洗

往复泵零部件清洗见表 2-2。

表 2-2 往复泵零部件清洗

| 序号 | 操作步骤 | 操作要求 | 工器具 | 测评标准 | 备注 |
|---|---|---|---|---|---|
| 1 | 清洗泵体 | 用白布、清洗剂轻微清洗 | 油盆 | 零部件光滑，无异物、部件检查符合规程要求 | |
| 2 | 蜗轮、蜗杆清洗 | 用白布、清洗剂轻微清洗 | 油盆 | 零部件光滑，无异物、部件检查符合规程要求 | |
| 3 | 清理打磨各接合面 | 用砂纸轻微打磨 | 无 | 结合面无划痕，光洁 | |
| 4 | 泵体检查 | 目视检查 | 手电 | 部件检查符合规程要求 | |
| 5 | 蜗轮、蜗杆 | 目视检查 | | 部件检查符合规程要求 | |
| 6 | 检查新阀芯 | 目视检查 | | 部件检查符合规程要求 | |
| 7 | 检查进、出口阀 | 注水观察 5 分钟 | | 部件检查符合规程要求 | |
| 8 | 检查联轴器、键等部件 | 目视检查 | | 无损伤、裂纹、变形 | |
| 9 | 轴承检查 | 目视检查 | | 无损伤、裂纹、变形 | |
| 10 | 油封、阀芯及易损件 | 模拟全部进行更换 | | 知道哪些是必换件 | |

## 2.3 活塞泵组装

活塞泵组装见表 2-3。

表 2-3 活塞泵组装

| 序号 | 操作步骤 | 操作要求 | 工器具 | 测评标准 | 备注 |
|---|---|---|---|---|---|
| 1 | 检查泵体内腔 | 目视检查 | 无 | 干净、无异物 | |
| 2 | 回装蜗杆 | 按照原有标识、顺序依次组装 | 内六角、常用两用扳 | 按照原有部件标识记号进行组装、不发生组装过程中损坏 | |
| 3 | 回装新的油封组件 | 按照原有标识、顺序依次组装 | 内六角、常用两用扳 | 按照原有部件标识记号进行组装、不发生组装过程中损坏；垫片使用得当；按照螺栓紧固要求进行 | |
| 4 | 回装活塞 | 按照原有标识、顺序依次组装 | 内六角、常用两用扳 | 按照原有部件标识记号进行组装、不发生组装过程中损坏 | |
| 5 | 安装电机 | 按照原有标识、顺序依次组装 | 铜棒、手锤、常用两用扳 | 按照原有部件标识记号进行组装、不发生组装过程中损坏；垫片使用得当；按照螺栓紧固要求进行 | |

续表

| 序号 | 操作步骤 | 操作要求 | 工器具 | 测评标准 | 备注 |
| --- | --- | --- | --- | --- | --- |
| 6 | 回装联轴器和对中 | 按照原有标识、顺序依次组装；并记录对中数据 | 常用两用扳、铜棒、刀口尺 | 按照原有部件标识记号进行组装、并进行对中 | |
| 7 | 回装保护罩 | 按照原有标识、顺序依次组装，紧固螺栓后检查间隙 | | 按照原有部件标识记号进行组装、不发生组装过程中损坏；按照螺栓紧固要求进行；紧固螺栓后检查间隙均匀 | |
| 8 | 回装进、出口阀接头 | 按照原有标识、顺序依次组装 | | 按照原有部件标识记号进行组装、不发生组装过程中损坏；按照螺栓紧固要求进行 | |
| 9 | 整泵回装 | 按照原有标识、顺序依次组装 | | 按照原有部件标识记号进行组装、不发生组装过程中损坏；按照螺栓紧固要求进行 | |
| 10 | 从注油口对油箱内部加油 | 转动电机、加油油位略高于指示油标 | | 加油中需要一边盘动电机，一边加油 | |

## 2.4　现场清理

现场清理见表 2-4。

**表 2-4　现场清理**

| 序号 | 操作步骤 | 操作要求 | 工器具 | 测评标准 | 备注 |
| --- | --- | --- | --- | --- | --- |
| 1 | 清理现场 | 清理设备表面，清理检修设备附近区域的异物 | | 检修设备无异物 | |
| 2 | 做到工完料尽场地清 | 清理检修完成后的零部件、材料等 | | 无零部件、材料遗漏 | |
| 3 | 整理工具 | 整理工具与原始工具清单对比 | | 工具使用前后对比符合 | |

## 2.5　关键点

在进行解体过程中，为了保证检修工作顺利进行，必须注意如下的关键点，并作为此次解体过程中的应知应会内容：

1）解体前，各相对位置的记号必须标识清晰；

2）部件的检查需要与解体同时开展，特别是对于易损件的检查；

3）阀芯组件的检查；

4）对中方法。

# 第三章　故障检查和处理

柱塞泵常见故障排除见表 3-1。

表 3-1　柱塞泵常见故障排除

| 故障 | 原　因 | 处理措施 |
| --- | --- | --- |
| 泵的动力部分有敲击声 | 1. 连杆螺栓松动；<br>2. 连杆轴瓦磨损间隙大；<br>3. 动力部分其他零件松动 | 1. 拧紧连杆螺栓；<br>2. 调整更换连杆瓦；<br>3. 调换松动的零件 |
| N 轴滚动轴承温高 | 1. 轴承装配间隙不良；<br>2. 轴承内进入污物；<br>3. 润滑不良；<br>4. 轴承出现疲劳，点蚀或胶和 | 1. 重新装配，调整间隙；<br>2. 清除污物；<br>3. 改善润滑；<br>4. 更换轴承 |
| 润滑油温度过高 | 1. 运动部分装配不良<br>2. 润滑不良 | 1. 重新装配；<br>2. 改善润滑 |
| 泵出口压力表摆动急剧 | 1. 蓄能器有故障；<br>2. 泵的进排液阀泄漏；<br>3. 进排液阀密封圈泄漏 | 1. 修理或更换蓄能器；<br>2. 更换损坏的阀；<br>3. 更换密封圈 |
| 泵体法兰处渗漏 | 1. 法兰螺母松动；<br>2. 密封圈损坏 | 1. 拧紧螺母；<br>2. 更换密封圈 |
| 泵的进排液管振动剧烈 | 1. 泵体内存有空气；<br>2. 进排液阀泄漏；<br>3. 进排液阀密封圈损坏；<br>4. 进排液管线悬空 | 1. 放掉泵体内的气体；<br>2. 修磨、更换阀；<br>3. 更换密封圈；<br>4. 加固管线 |
| 进排液阀的阀腔内敲击声不均匀 | 1. 泵体上法兰螺母松动；<br>2. 阀弹簧断裂；<br>3. 阀座阀芯损坏 | 1. 拧紧法兰螺母；<br>2. 更换弹簧；<br>3. 修、换阀座、阀芯 |
| 柱塞密封函泄漏严重 | 1. 柱塞密封函处调节螺帽太松；<br>2. 密封圈磨损严重；<br>3. 介质不干净，密封函中有污物 | 1. 改变调节螺帽的松紧；<br>2. 更换密封圈；<br>3. 清除管线和泵中的污物 |
| 泵的动力不足 | 1. 电动机功率不足；<br>2. 泵超压运行；<br>3. 传动皮带松(若有) | 1. 检修或更换电动机；<br>2. 调整泵压；<br>3. 调整皮带松紧 |
| 流量不足或阻塞，或输出压力太低 | 1. 吸入管道阀门稍有关闭或阻塞，过滤器堵塞；<br>2. 阀接触面损坏或阀面上有杂物使阀面密合不严；<br>3. 柱塞填料泄漏 | 1. 打开阀门、检查吸入管和过滤器；<br>2. 检查阀的严密性，必要时更换阀门；<br>3. 更换填料或拧紧填料压盖 |

续表

| 故障 | 原　因 | 处理措施 |
|---|---|---|
| 阀有剧烈敲击声 | 阀的升程过高 | 检查并清洗阀门升程高度 |
| 压力波动 | 1. 安全阀导向阀工作不正常；<br>2. 管道系统漏气 | 1. 调校安全阀,检查、清理导向阀；<br>2. 处理漏点 |
| 异常响声或振动 | 1. 原轴与驱动机同心度不好；<br>2. 轴弯曲；<br>3. 轴承损坏或间隙过大；<br>4. 地脚螺栓松动 | 1. 重新找正；<br>2. 校直轴或更换新轴；<br>3. 更换轴承；<br>4. 紧固地脚螺栓 |
| 轴承温度过高 | 1. 轴承内有杂物；<br>2. 润滑油质量或油量不符合要求；<br>3. 轴承装配质量不好；<br>4. 泵与驱动机对中不好 | 1. 清除杂物；<br>2. 更换润滑油、调整油量；<br>3. 重新装配；<br>4. 重新找正 |
| 密封泄漏 | 1. 填料磨损严重；<br>2. 填料老化；<br>3. 柱塞磨损 | 1. 更换填料；<br>2. 更换填料；<br>3. 更换柱塞 |

# 第四章　操作结束

## 4.1　清理现场

工作结束后，做到工完料尽场地清，对检修后的物资设备进行分类。工具整理并与工具清单进行对比，确保工具无缺失，并检查工具的可用性，记录损坏情况并汇报。对更换的领料物资与领料单进行核实，确保所有可更换的物资已更换。更换下来的设备零部件进行后续处理，修复或者直接报废。清理工作过程中的耗材，进行分类处理，放置到对应的塑料袋中。清理现场的塑料布，橡胶板，必要时用白布清理现场。

## 4.2　工后会

工后会是对整个工作的过程的回顾以及必要的经验反馈。

回顾工作过程：工作许可证已归还，场地已清理，设备标牌完好，对检修任务进行评价，是否达到预期的目的，试验设备与工器具已经归还。

工作后的经验反馈是对以后同类型的往复泵工作的经验积累，以提高工作的检修技能，能够更好的完成检修工作，其主要有以下内容：

1）工期是否安排合理；

2）工作人员是否配备充足；

3）工作文件的合理性；

4）工作人员的检修技能是否满足要求；

5）规程、图纸是否需要升版；

6）检查过程中的异常；

7）工作的经验反馈；

8）协调事项。

# 第五章　经验反馈

17 号厂房 1 号加碱机械隔膜计量泵检修作业中 NaOH 灼伤人员事件经验反馈如下。

1）没有对设备深入的熟悉和预知。

2）应采取足够措施后才能开工。

3）工作负责人不熟悉相关辐射许可管理程序。

4）施工人员个人防护意识淡薄。

5）工作人员没有佩戴个人防护用品(PPE)。

6）违反《检修人员行为规范》,没有召开工前会并强调酸碱防护措施和合理分配任务。

7）系统隔离后,管系中始终憋压的设计不合理,导致在拆泵时碱液带压,喷射出来灼伤工作人员。

8）没有开发相应的规程指导人员正确实施检修。

9）酸碱作业未能进行明确区分和分级风险管理。

10）对从事酸碱作业的人员酸碱作业防护培训学习的力度不够。

11）工作现场的标识不够清晰并指导人员及时实施救治。

# 第六章　习　题

## 6.1　填空题(总分10分,每题2分)

1. 柱塞计量泵结构由____和____部件两部分组成。

答:传动机座;液缸

2. 传动机座部件由____、____、____、液缸托架等组成。

答:电动机;电机托架;传动箱

3. 泵的____位于传动箱的上部,用于拖动N形轴的上下移动。

答:行程调节机构

4. 当调节转盘顺时针旋转时,小螺旋齿轮带动____、调节螺杆转动,拖动调节螺母和N形轴上下移动,改变了____,从而达到流量调节的目的。

答:大螺旋齿轮;偏心距

5. 柱塞式计量泵液缸部件主要由____、____、____和____阀组以及____等组成。

答:液缸体;柱塞;吸入和排出;填料

## 6.2　选择题(总分10分,每空2分)

1. 此次培训泵为(C)柱塞泵。

A. 液压　　B. 径向　　C. 轴向

2. 一个柱塞泵上有(B)个单向阀。

A. 1　　B. 2　　C. 3　　D. 4

3. 柱塞泵轴承室没有润滑油会出现什么情况(A)。

A. 轴承温度高　　B. 出口压力变低　　C. 泵出口压力升高

4. 柱塞泵的入口阀为(A)。

A. 单向阀　　B. 截止阀　　C. 蝶阀　　D. 闸阀

5. 工作腔内做直线往复位移的元件是(D)。

A. 入口阀　　B. 出口阀　　C. 机座　　D. 活塞

## 6.3　简答题(总分15分,每题5分)

1. 造成柱塞泵振动大的可能原因是什么。

答:1) 柱塞杆连接松动。

2) 连杆轴瓦磨损间隙大。

3) 电机或泵的轴承损坏。

4）泵底座连接固定螺丝松动。

5）原轴与驱动机同心度不好，或轴弯曲。

6）动力部分其他零件松动。

7）泵供液不足造成打空泵。

2. 柱塞泵轴承温度高可能原因是什么？

答：1）轴承室内缺少润滑油或润滑脂，轴承干磨。

2）润滑油或润滑脂牌号不对或过期变质。

3）轴承与轴承压盖间隙过大。

4）传动皮带调整过紧使轴承受力侧间隙太小，造成滚动体与滚道不能形成油膜，滚动体与滚道干磨。

3. 柱塞泵效率下降可能原因是什么？

答：1）供水罐液位低于下限液位，泵进口压力过小。

2）阀门密封不严。

3）单向阀门损坏。

4）泵腔室损坏泄漏。

5）柱塞与柱塞桶壁间隙过大。

## 6.4 论述题（25 分）

1. 工作腔内做直线往复位移的元件是柱塞，该泵的特点：

1）结构比较简单；

2）计量精度高；

3）可靠性好；

4）调节范围宽；

5）适合于高压、小流量的场合；

6）填料密封处不能避免漏损。

2. 液缸结构：

1）作用方式：单作用、双作用、差动式。

2）悬浮颗粒：阀导向通流能力好，不易堵塞；易于拆换阀组；有停泵冲洗装置。

3）高温结构：带保温夹层；填料端冷却装置；水冷、风冷（散热托架）。

4）低温液化气：泵头与管路的保温；阀导向间隙；管路布置避免存气；排出口放气装置。

5）防爆型阀组：导电型阀组（防止静电的产生和积聚）。

## 6.5 操作题（40 分）

**鉴定点：柱塞泵组装**

**试题 1：柱塞泵组装**

1. 准备要求

考场准备：

(1) 试题名称:柱塞泵组装
(2) 本题分值:30
(3) 考核时间:40 min
(4) 考核形式:实操
(5) 设备设施准备

| 序号 | 名称 | 规格 | 单位 | 数量 | 备注 |
|---|---|---|---|---|---|
| 1 | 模拟体 | | 台 | 1 | 教学用模拟体一台,无密封焊 |
| 2 | 工具、吊带等 | | 套 | 1 | 解体用工具 |

考生准备:
(1) 试题名称:机械柱塞泵组装
(2) 本题分值:40
(3) 考核时间:40 min
(4) 考核形式:实操
(5) 工具及其他准备:无
2. 考核要求
(1) 本题分值 40
(2) 考核时间:40 min
(3) 考核形式:实操
(4) 具体考核要求:根据解体泵体,熟悉其关键点,解体需标记位置,熟悉解体过程大致步骤。
(5) 否定项说明:无
3. 配分与评分标准

| 序号 | 考核内容 | 考核要点 | 配分 | 评分标准 | 扣分 | 得分 |
|---|---|---|---|---|---|---|
| 1 | 柱塞泵组装前准备 | 确定柱塞泵解体前的准备工作是否充分 | 5 | 1. 未模拟检查隔离状态扣 2 分<br>2. 未说明拆除电气接线扣 3 分 | | |
| 2 | 泵体检查 | 在组装前对泵体内清洁度进行检查 | 5 | 1. 未按规程要求执行步骤扣 3 分<br>2. 未模拟进行清洗 2 分 | | |
| 3 | 回装阀芯组件 | 熟悉安装过程和调整方法 | 5 | 1. 未按规程要求执行步骤扣 3 分<br>2. 调整隔膜的位置不正确扣 2 分 | | |
| 4 | 回装对中 | 熟悉安装对中过程和检查方法 | 20 | 1. 未按规程要求执行步骤扣 5 分<br>2. 没有检查记录数据扣 5 分 | | |
| 5 | 加油 | 熟悉加油过程和油位要求 | 5 | 1. 未按规程要求执行步骤扣 3 分<br>2. 加油量过多或过少扣 2 分 | | |

否定项:1. 起吊过程中,设备掉落;
2. 没有作好防异物措施

评分人: 年 月 日 核分人: 年 月 日

# 第十一部分　动力传动装置

## 第一章　操作准备

### 1.1　原理描述

#### 1.1.1　齿轮箱的工作原理

齿轮传动是动力传动的一种形式。

齿轮传动原理即，一对相同模数(齿的形体)的齿轮相互啮合将动力由甲轴传递给乙轴，完成动力传递的一种方式。

齿轮传动特点是:动力传递可靠、速比可通过调整相对齿数来改变。

目前常见的齿轮箱按照结构形式可分为七类，即渐开线圆柱齿轮、摆线针轮定轴传动、圆弧圆柱齿轮传动、锥齿轮传动及准双曲面齿轮传动、蜗杆传动、渐开线行星齿轮传动、非圆齿轮传动等。不同形式的齿轮结构在传动速比、传动效率、转速、润滑要求、工作可靠性、成本效率等方面各有不同优势和劣势。

轮系由各种类型的齿轮副组成。由锥齿轮、螺旋齿轮和蜗轮蜗杆组成的轮系，称为空间轮系;而由圆柱齿轮组成的轮系，称为平面轮系。

#### 1.1.2　齿轮箱型号

行星齿轮箱型号中各字母和数字的意义如下。

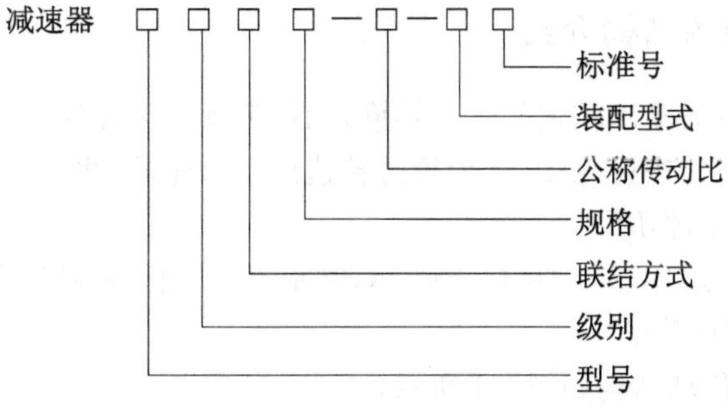


标记示例:

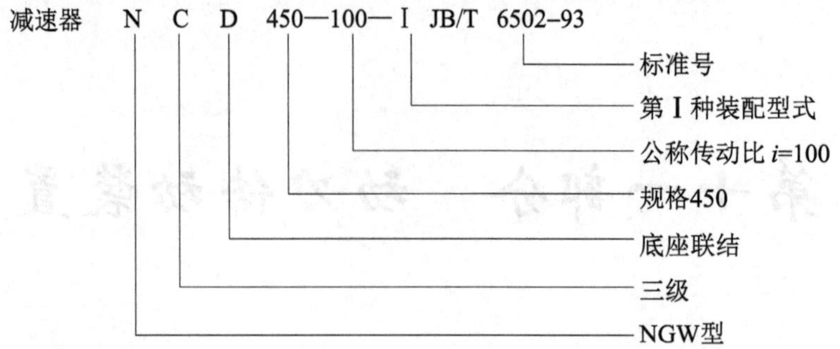


N——NGW 型；

A——一级行星齿轮减速器；

B——二级行星齿轮减速器；

C——三级行星齿轮减速器；

D——底座联结；

F——法兰联结；

Z——定轴圆柱齿轮。

故 NBD250-20-1，表示 NGW 型、二级、底座联结、250 规格、转速比 20、第一种装配形式。

### 1.1.3 齿轮箱的间隙要求

齿轮传动的最小间隙应符合表 1-1 的规定。

**表 1-1 齿轮传动的最小间隙**

| 中心距 a/mm | ≤80 | >80～125 | >125～180 | >180～250 | >250～315 | >315～400 | >400～500 | >500～630 | >630～800 |
|---|---|---|---|---|---|---|---|---|---|
| Jmin/μm | 120 | 140 | 160 | 185 | 210 | 230 | 250 | 280 | 320 |

齿轮有效工作表面接触斑点（接触率）按高度不得小于 70%，按长度不小于 90%。允许在额定负荷下检验接触斑点。

轴承内圈端面紧贴轴肩或定距环，用 0.05 mm 塞尺检查不得塞入。

高速轴、低速轴、行星架的支承轴承，行星轮轴承的轴向间隙，规格 200～560 为 0.2～0.4 mm，630～2 000 为 0.3～0.6 mm，用手转动轴或齿轮必须轻快灵活。

### 1.1.4 行星减速箱的结构介绍

基本原理：当电机的输出转速从主动轴输入后，带动小齿轮转动，而小齿轮带动大齿轮运动，而大齿轮的齿数比小齿轮多，大齿轮的转速比小齿轮慢，再由大齿轮的轴（输出轴）输出，从而起到输出减速的作用。

行星减速箱，型号：NBD250-20-1，表示 NGW 形、B 二级行星减速器、D 底座联结、250 规格、转速比 20，重量 210 千克。

行星减速箱主要传动结构如图 1-1 所示。

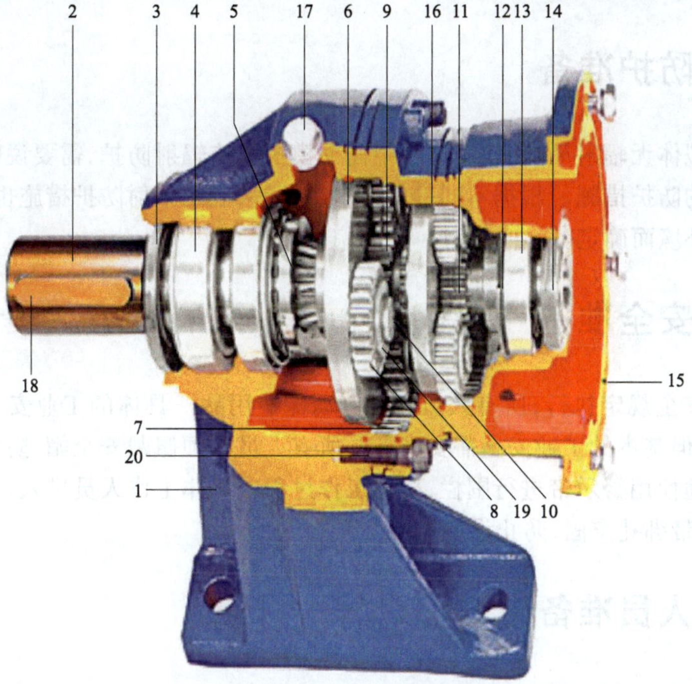


图 1-1 行星减速箱主要传动结构

1—减速机本体;2—输出轴;3—输出轴油封;4—输出轴轴承;5—太阳螺帽;6—行星架;7—内齿环;8—行星齿轮;9—阶段齿轮;10—滚针轴;11—太阳齿轮;12—C 型扣环;13—输入轴轴承;14—输入轴油封;15—输入轴法兰;16—O 形环;17—透气塞;18—输出轴键;19—垫圈;20—内六角螺丝液缸部件

## 1.2 文件准备

齿轮箱解体培训完全模拟现场工作,具有完整的工作包,包括工作指令单,质量计划、分析分析、领料单、耗材清单、隔离指令等,规程使用,工前会、工后会、设备信息收集单等。

## 1.3 工器具准备

梅花扳手 2 套;内六角扳手 1 套;一字螺丝刀;2 磅手锤 1 把;Φ 15 mm 铜棒 1 根;拉马 1 个;轴承加热器 1 套;油盆 1 个;力矩扳手 8～20 N · m 一把;游标卡尺 200 mm 一把;刀口尺、塞尺 100 mm 一把;钢板直尺 500 mm 一把;百分表 2 个,百分表座 2 个,V 形铁 2 个。

## 1.4 模拟体准备

培训楼模拟体,模拟体处于可用状态。检查模拟体是否有损坏,核实可否正常动作,以确保教学过程的顺利实施。

## 1.5 辐射防护准备

培训楼模拟体无辐射风险,教学过程中需要模拟实施辐射防护,需要说明在现场实际工作中所要采取的防护措施。根据不同的辐射水平,所采取的辐射防护措施也有所不同,具体依照现场工作环境而确定。

## 1.6 工业安全准备

按照工业安全规定执行,所有人员穿戴劳动保护用品。具体的工业安全准备需根据现场环境而确定,但基本的工业安全需要准备。所有人员必须佩戴安全帽、防砸鞋、工作服、手套等。检修场地使用警示带进行围栏,确保工作过程中无非工作人员进入。设备起吊、放置过程中,确保吊带绑扎牢固,防止设备掉落。

## 1.7 配合人员准备

具备机械中级工的检修技能,熟悉设备和检修工具。

## 1.8 场地准备

现场铺设塑料布用于摆放工器具;铺设橡胶板用于放置解体后的部件;清理场地,确保检修场地无其他异物;合理分配场地,确保工具、设备的合理分布,方便检修;在场地外围布置警示带。

# 第二章　操作实施

## 2.1　操作实施 1　齿轮箱解体

齿轮箱解体见表 2-1。

表 2-1　齿轮箱解体

| 序号 | 操作步骤 | 操作要求 | 工器具 | 测评标准 | 备注 |
| --- | --- | --- | --- | --- | --- |
| 1 | 设备隔离 | 此步骤为现场模拟实施。 | 手电 | 模拟检查 | |
| 2 | 目视检查 | 仔细检查减速箱输出端二级行星箱端盖和输入端一级行星箱端盖处是否漏油、检查减速箱输出端和输入端轴油封处是否漏油。 | 手电 | 检查位置正确并记录检查结果 | |
| 3 | 拆前做好标记 | 用记号笔在减速箱输出端和输入端端盖上做好标记，以防回装时没有原位回装。 | 记号笔 | 正确做好标记 | |
| 4 | 排油 | 将减速箱内润滑油放尽。 | 油盆 | 将油排到指定收集容器内 | |
| 5 | 拆卸前输入端(输出端)轴的窜动量测量 | 1. 将减速箱输入端轴用力推到底，然后架设百分表，表针垂直指向输入端轴的端面上，大表针调零，小表针调到 1；<br>2. 用力拔轴到底，观察百分表的读数，反复 2～3 次，读数没有变化为止，记录(标准：0.2～0.4 mm)；<br>3. 相同方法测量输出端轴窜动量。 | 百分表 | 正确安装使用百分表并测量轴窜 | |
| 6 | 拆除键、轴承端盖 | 1. 用铜棒将输入端传动键轻轻敲出；<br>2. 用顶丝将输出轴上的二个传动键拆除；<br>3. 用钢板尺测量输入端端盖面到输出轴端面的距离，记录；<br>4. 用合适的内六角扳手拆除输入端轴承室端盖紧固螺栓；<br>5. 用手将输入端端盖取下(注意，由于有油封阻挡，取端盖时要稍微用力一些)从端盖上取下密封垫剪断扔到垃圾桶；<br>6. 用手取下轴承间隔套。 | 铜棒、顶丝、钢板尺 | 相关部件标识记号清晰、不发生拆卸过程中损坏 | |
| 7 | 拆卸齿轮 | 1. 用合适的呆扳手拆除轴承箱体和一级行星组件箱体紧固螺栓；<br>2. 用顶丝将轴承箱体从一级行星组件箱体脱开；<br>3. 用手抱住轴承箱体，缓慢向后退，直到太阳齿轮与行星齿轮组件完全脱开； | 内六角、常用两用扳、铜棒、拉马 | 拆卸步序正确、工器具使用正确、拆卸零部件无损伤 | |

续表

| 序号 | 操作步骤 | 操作要求 | 工器具 | 测评标准 | 备注 |
|---|---|---|---|---|---|
| 7 | 拆卸齿轮 | 4. 将轴承箱体摆放平稳，用铜棒对着输出端轴的端面，手锤用力击打铜棒，直到输出端轴与轴承脱开为止，取出输出轴；<br>5. 用铜棒反方向将轴承敲出；<br>6. 手动取出行星齿轮组件；<br>7. 用手取出二级太阳齿轮传动轴；<br>8. 用合适的内六角扳手将一级行星齿轮箱体与二级行星齿轮箱体紧固内六角螺栓拆除；<br>9. 用顶丝将一二级行星齿轮箱体分离，然后取下一级行星齿轮箱体；<br>10. 用呆扳手将一级行星箱体两侧的内齿环定位螺钉拆除；<br>11. 用铜棒轻轻将一级内齿环敲出；<br>12. 用合适的内六角扳手将输出端轴承端盖螺钉拆除；<br>13. 用顶丝将轴承端盖顶出；<br>14. 手动取出轴承定位环；<br>15. 用铜棒从输入端方向对准二级传动轴的轴端面，手锤用力敲击，直到轴与轴承完全脱离二级行星齿轮箱体；<br>16. 用拉马将二级传动轴输出端的轴承拆除；<br>17. 取出二级行星齿轮组件；<br>18. 若二级传动轴上输入端的轴承随泵轴一起出箱体，只需用铜棒敲击轴承内圈拆除即可，若轴承留在箱体上，用铜棒敲击轴承的外圈，将轴承取出；<br>19. 用呆扳手将二级行星箱体二测内齿环的定位螺钉拆除；<br>20. 用铜棒轻轻敲出内齿环。 | 内六角、常用两用扳、铜棒、拉马 | 拆卸步序正确、工器具使用正确、拆卸零部件无损伤 | |

## 2.2 操作实施 2 零部件清理检查

零部件清理检查见表 2-2。

**表 2-2 零部件清理检查**

| 序号 | 操作步骤 | 操作要求 | 工器具 | 测评标准 | 备注 |
|---|---|---|---|---|---|
| 1 | 清洗零部件 | 1. 用一较大的容器倒入清洗剂，将拆卸下来的零部件放入浸泡约一小时；<br>2. 用铜刷去除残留在零部件上的油垢；<br>3. 用不起毛的布将零部件擦拭干净，检查确认不要铜丝遗留在箱体内。 | 油盆 | 零部件光滑，无异物、部件检查符合规程要求 | |

续表

| 序号 | 操作步骤 | 操作要求 | 工器具 | 测评标准 | 备注 |
|---|---|---|---|---|---|
| 2 | 目视检查 | 通过肉眼检查一级太阳齿轮、一级行星齿轮、一级内齿环、一二级传动齿轮、二级太阳齿轮、二级行星齿轮、二级内齿环啮合情况。 | 手电 | 能发现是否存在缺陷 | |
| 3 | 触摸检查 | 脱去手套，用手指在齿轮副上轻轻移动，通过手感确认齿轮副上是否有毛刺和啮合痕迹深浅，若有，用油石去除毛刺和啮合痕迹。 | 无 | 能发现是否存在缺陷 | |
| 4 | 涂色检查和测量 | 齿轮用涂色法检查主要用于齿轮接触精度的检测。评定齿轮接触精度的综合指标是接触斑点，即装配好的齿轮副在轻微制动下运转后齿侧面上分布的接触痕迹。用涂色法检查时，将齿轮副的一个齿轮侧面涂上一层红丹粉，并在轻微制动下，按工作方向转动齿轮2～3圈，在另一齿轮侧面上留下的痕迹斑点。正常啮合的齿轮，接触斑点应在节圆处上下对称布置，并有一定面积，例如接触面积高度不得小于70%，按长度不小于90%以上为合格。 | 手电、红丹粉 | 使用红丹粉并完成齿轮啮合面接触检查 | |

## 2.3 操作实施3 齿轮箱组装

齿轮箱组装见表2-3。

**表2-3 齿轮箱组装**

| 序号 | 操作步骤 | 操作要求 | 工器具 | 测评标准 | 备注 |
|---|---|---|---|---|---|
| 1 | 回装前防异物检查 | 目视检查 | 无 | 干净、无异物 | |
| 2 | 回装齿轮 | 1. 将二级行星齿轮箱内齿环正确放入二级行星齿轮箱内，用呆扳手将箱体两侧固定内齿环的螺钉拧紧，确认手无法晃动内齿环为止。<br>2. 加热轴承，将加热好的轴承安装到中间套管上，确认管的端面不要超出轴承内圈端面。<br>3. 待轴承冷却到室温后，将轴承回装到二级行星齿轮箱轴承室内，可用铜棒敲击轴承外圈来确认轴承安装到位，也可用塞尺塞轴承外圈到轴承室壁0.02 mm塞不进合格。<br>4. 将二级行星齿轮组件，安装到输入端轴承上和二级行星箱体的内齿环上。<br>5. 将输出轴冷冻后安装到行星齿轮组件上。<br>6. 加热输出端轴承，安装到输出端轴上，确保到位。<br>7. 更换二级行星箱体端盖上的油封（只做口述，不实际操）。 | 内六角、常用两用扳 | 按照原有部件标识记号进行组装、不发生组装过程中损坏 | |

续表

| 序号 | 操作步骤 | 操作要求 | 工器具 | 测评标准 | 备注 |
|---|---|---|---|---|---|
| 2 | 回装齿轮 | 8. 将新密封垫安放在二级行星齿轮箱体端盖止口上。<br>9. 对准记号,将二级行星箱体端盖安装在二级行星齿轮箱体上,对称把好紧固螺钉。<br>10. 安装轴承端盖,将旧的密封垫去除,清理密封面,去除旧的油封,更换新油封。<br>11. 对准记号,放好轴承调整垫,用力推轴承到位,对称巴金螺钉。<br>12. 将二级太阳传动轮从一级输出端孔中穿到二级行星齿轮组件上。<br>13. 安装一级行星箱体内齿环。<br>14. 用呆扳手将箱体两侧固定内齿环的螺钉拧紧,确认手无法晃动内齿环为止。<br>15. 安装一级行星齿轮组件。<br>16. 安装一级行星齿轮太阳轮传动轮。 | 内六角、常用两用扳 | 按照原有部件标识记号进行组装、不发生组装过程中损坏 | |
| 3 | 回装轴承及端盖 | 1. 安装一级行星齿轮箱体端盖,清理密封面,更换新密封垫,通过一级太阳轮传动轮安放到箱体上,对称把紧螺钉。<br>2. 加热输入端轴承,安装到输出端轴上。<br>3. 安装轴承间隔套。<br>4. 回装轴承端盖,清理密封面,更换新的密封垫,更换新油封。<br>5. 用力推轴承端盖到位,对称把紧螺钉。 | 内六角、常用两用扳、轴承加热器 | 按照原有部件标识记号进行组装、不发生组装过程中损坏;正确使用轴承加热器 | |
| 4 | 测量输入轴(输出轴)窜动量 | 1. 将减速箱输入端轴用力推到底,然后架设百分表,表针垂直指向输入端轴的端面上,大表针调零,小表针调到1。<br>2. 用力拔轴到底,观察百分表的读数,反复2～3次,读数没有变化为止,记录(标准:0.2～0.4 mm)。<br>3. 相同方法测量输出端轴窜动量。 | 百分表 | 正确安装使用百分表并测量轴窜 | |
| 5 | 最后组装 | 1. 回装输入端传动键。<br>2. 回装输出端两个传动键。<br>3. 用钢板尺测量输入端端盖面到输出轴端面的距离,与拆除前比较。<br>4. 加油到合适油位。<br>5. 手动盘车,要确保转动灵活自如。 | 铜棒、手锤、常用两用扳 | 组装后盘车灵活 | |

## 2.4 关键点

在进行解体及组装过程中,为了保证检修工作顺利进行,必须注意如下的关键点。

1) 解体前,各相对位置的记号必须标识清晰。

2）部件的检查需要与解体同时开展,特别是对于易损件的检查。

3）减速箱拆卸过程是从输入端向输出端方向进行,回装过程则是输出端向输入端进行。

4）回装前必须有两人以上确认回装箱体内没有任何异物。

5）回装中旧的部件轴承、油封、密封垫、O 形圈必须全部更换,更换新的部件需要仔细认真检查,方可安装。

# 第三章　故障检查和处理

## 3.1　常见故障现象、判断方法、原因分析和故障排除方法

由于制造误差、装配不当或在不适当的条件(如载荷、润滑等)下使用,常会发生损伤等故障,常见有四类(见表 3-1)。

**表 3-1　常见故障现象、判断方法、原因分析和故障排除方法**

| 故障 | 原　　因 | 处理措施 |
|---|---|---|
| 齿的断裂 | 1. 疲劳断裂:通常先从受力侧齿根产生龟裂、逐渐向齿端发展而致折断;<br>2. 过负荷断裂:由于转速急剧变化、轴系共振、轴承破损、轴弯曲等原因,使齿轮产生不正常的一端接触,载荷集中到齿面一端引起。 | 更换 |
| 齿的磨损 | 由于金属微粒、污物、尘埃和沙粒等进入齿轮而导致材料磨损、齿面局部熔焊随之又撕裂的现象 | 涂色检查接触面积,如不合格进行更换 |
| 齿面疲劳 | 由于齿面接触应力超过材料允许的疲劳极限。表面层先产生细微裂纹,然后小块剥落,直至整个齿断裂 | PT 检查是否存在裂纹,如有裂纹进行更换 |
| 齿面塑性变形 | 如压碎、趋皱 | 更换 |

## 3.2　齿轮箱轮齿损伤形式

齿轮箱轮齿损伤形式见表 3-2。

**表 3-2　齿轮箱轮齿损伤形式**

| 序号 | 类别 | 项目 | 形式 | 原因 |
|---|---|---|---|---|
| 1 | 啮面损伤 | 齿面磨损 | 正常磨损、磨粒磨损、干涉磨损、刮伤、槽痕 | 啮合初期、异物侵入、参数设计不合理、安装误差、润滑不良等 |
| | | 粘着撕伤 | 粘着撕伤 | 局部压力过高、法向压力较大、滑动速度过高等 |
| | | 齿面疲劳 | 早期点蚀、扩展性点蚀、剥落 | 齿面局部凸起、接触应力过高、内应力过大等 |
| | | 齿面塑性变形 | 压痕、碾击塑变、波纹、隆起 | 异物混入、过载、啮合不良、润滑不充分等 |
| | | 烧伤 | | 局部温度过高 |

续表

| 序号 | 类别 | 项目 | 形式 | 原因 |
| --- | --- | --- | --- | --- |
| 2 | 轮齿折断 | 轮齿裂纹 | 屑料毛坯裂纹、硬化处理裂纹、磨削型裂纹、疲劳裂纹 | 材料、毛坯和热处理缺陷、交变应力的作用等 |
|  |  | 过载折断 |  | 严重超载 |
|  |  | 疲劳折断 |  | 各种因素产生的疲劳裂纹、变应力作用等 |
| 3 | 组合损伤 | 腐蚀磨损 |  | 润滑油中含杂质、齿面间压力过高、存在微振等 |
|  |  | 轮齿塑性变形 |  | 润滑失常 |
|  |  | 严重磨损断齿 |  | 存在磨损、点蚀、剥落等各种损伤 |
|  |  | 气蚀 |  | 瞬时冲击力、局部高温 |
|  |  | 电蚀 |  | 存在漏电流 |

# 第四章　操作结束

## 4.1　清理现场

工作结束后,做到工完料尽场地清,对检修后的物资设备进行分类。工具整理并与工具清单进行对比,确保工具无缺失,并检查工具的可用性,记录损坏情况并汇报。对更换的领料物资与领料单进行核实,确保所有可更换的物资已更换。对更换下来的设备零部件进行后续处理,修复或者直接报废。清理工作过程中的耗材,进行分类处理,放置到对应的塑料袋中。清理现场的塑料布,橡胶板,必要时用白布清理现场。

## 4.2　工后会

工后会是对整个工作的过程的回顾以及必要的经验反馈。

回顾工作过程:工作许可证已归还,场地已清理,设备标牌完好,对检修任务进行评价,是否达到预期的目的,试验设备与工器具已经归还。

工作后的经验反馈是对以后同类型的往复泵工作的经验积累,以提高工作的检修技能,能够更好地完成检修工作,其主要有以下内容。

1）工期是否安排合理;

2）工作人员是否配备充足;

3）工作文件的合理性;

4）工作人员的检修技能是否满足要求;

5）规程、图纸是否需要升版;

6）检查过程中的异常;

7）工作的经验反馈;

8）协调事项。

# 第五章　经验反馈

维修人员对 0AC60T 行车减速箱解体检修后，品质再鉴定不合格。

2014 年 4 月某外包公司对秦二厂 0AC60T 行车减速箱进行解体检修，通过三天的维修，再进行品质再鉴定时，齿轮箱出现异常声音，品质再鉴定不合格。

反馈如下：

1. 工作负责人没有详细阅读检修规程。
2. 维修人员对设备熟悉程度不够。
3. 开工前没有将必要的尺寸进行测量记录。
4. 维修人员个人技能有待提高。

措施如下：

1. 要求工作负责人加强了解设备相关信息。
2. 要求维修人员严格按照维修规程开展工作。
3. 要求维修人员加强个人技能的提高。

# 第六章　习　题

## 6.1　选择题(总分 10 分,每题 2 分)

1. 此次培训减速箱的传动方式为(C)。

A. 圆弧圆柱齿轮传动　　B. 锥齿轮传动

C. 行星齿轮传动　　D. 蜗杆传动

2. 齿轮有效工作表面接触斑点(接触率)按高度不得小于(C)%。

A. 10　　B. 30　　C. 70　　D. 90

3. 齿轮有效工作表面接触斑点(接触率)按长度不小于(D)%

A. 10　　B. 30　　C. 70　　D. 90

4. 高速轴、低速轴、行星架的支承轴承,行星轮轴承的轴向间隙,规格 200～560 为(D)mm。

A. 1～2 mm　　B. 2～4 mm　　C. 0.1～0.2 mm　　D. 0.2～0.4 mm

5. 高速轴、低速轴、行星架的支承轴承,行星轮轴承的轴向间隙,规格 630～2 000 为(C)。

A. 1～2 mm　　B. 2～4 mm　　C. 0.3～0.6 mm　　D. 0.2～0.4 mm

## 6.2　填空题(总分 10 分,每空 1 分)

1. 齿轮箱按照结构形式可分为___类,即__________、__________、__________、__________、__________、__________、__________等。

答:7;渐开线圆柱齿轮;摆线针轮定轴传动;圆弧圆柱齿轮传动;锥齿轮传动及准双曲面齿轮传动;蜗杆传动;渐开线行星齿轮传动;非圆齿轮传动

2. 齿轮传动是______传动的一种形式。

答:动力

3. 对于外啮合齿轮副,两轮的旋转__________,故其传动比为负值。

答:方向相反

## 6.3　简答题(总分 15 分,每题 5 分)

1. 行星齿轮箱特点。

答:在传递动力时可以进行功率分流;其输入轴与输出轴具有同轴性,即输入轴与输出轴在同一轴线上。

2. 空间轮系定义;平面轮系定义。

答:由锥齿轮、螺旋齿轮和蜗杆蜗轮组成的轮系,称为空间轮系;而由圆柱齿轮组成的轮系,称为平面轮系。

3. 解释齿轮传动的传动比。

答:在齿轮传动中,输入构件的角速度 $\omega_a$(或转速 $n_a$)与输出构件的角速度 $\omega_b$(或转速 $n_b$)的比值,称为齿轮传动的传动比,用符号 $i_{ab}$ 表示

## 6.4 论述题(15 分)

NBD250-20-1 型行星齿轮箱各字母数字的意义。

答:表示 NGW 型、二级、底座联结、250 规格、转速比 20、第一种装配形式。

## 6.5 操作题(50 分)

**鉴定点:齿轮箱解体**

**试题 1:齿轮箱解体**

1. 准备要求

考场准备:

(1) 试题名称:齿轮箱解体

(2) 本题分值:50

(3) 考核时间:60 min

(4) 考核形式:实操

(5) 设备设施准备

| 序号 | 名称 | 规格 | 单位 | 数量 | 备注 |
| --- | --- | --- | --- | --- | --- |
| 1 | 齿轮箱模拟体 | | 台 | 1 | 教学用模拟体一台,无密封焊 |
| 2 | 工具、吊带等 | | 套 | 1 | 解体用工具 |

考生准备:

(1) 试题名称:齿轮箱解体

(2) 本题分值:50

(3) 考核时间:60 min

(4) 考核形式:实操

(5) 工具及其他准备:无

2. 考核要求

(1) 本题分值 50

(2) 考核时间:60 min

(3) 考核形式:实操

(4) 具体考核要求:实施齿轮箱解体,熟悉其关键点,解体需标记位置,熟悉解体过程具体步骤。

(5) 否定项说明:无

3. 配分与评分标准

| 序号 | 考核内容 | 考核要点 | 配分 | 评分标准 | 扣分 | 得分 |
|---|---|---|---|---|---|---|
| 1 | 目视检查 | 检查齿轮箱输入轴、输出轴端盖密封是否漏油 | 6 | 1. 未检查输入轴漏油情况扣2分。<br>2. 未检查输出轴漏油情况扣2分。 | | |
| 2 | 拆前做好标记 | 用记号笔在减速箱输出端和输入端端盖上做好标记 | 4 | 未做标记扣4分。 | | |
| 3 | 拆卸前输入端(输出端)轴的窜动量测量 | 能正确安装百分表,测量轴窜 | 5 | 1. 未正确安装百分表扣2分。<br>2. 未正确读数扣2分。 | | |
| 4 | 拆除键、轴承端盖 | 正确拆除键及轴承端盖 | 5 | 拆除零部件损坏扣5分。 | | |
| 5 | 拆卸齿轮 | 按照顺序正常拆除齿轮 | 30 | 1. 未按规程要求执行步骤扣10分。<br>2. 拆卸步骤错误扣10分。<br>3. 拆卸零部件损坏扣10分。 | | |

否定项:1. 起吊过程中,设备掉落;

2. 没有做好防异物措施

评分人:　　年　　月　　日　　　　　　核分人:　　年　　月　　日

# 第十二部分　空气压缩机

## 第一章　空气压缩机的分类

压缩机是一种压缩气体、提高气体压力或输送气体的机械。其种类很多，现分述如下。

### 1.1　按 GB 4976—85 标准分类

总分类如图 1-1 所示。

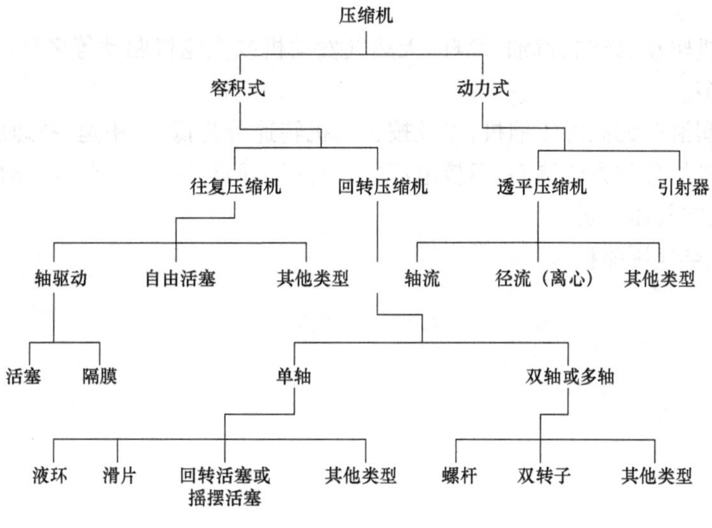


图 1-1　空气压缩机按 GB 4976—85 分类

### 1.2　按压缩机的公称排气压力分类

广义上说凡是用以获得压缩气体的机械，都叫压缩机。但习惯上根据机械所能达到的压力高低分为通风机、鼓风机和压缩机。通风机和鼓风机主要用于输送气体，压缩机主要用于提高气体压力。各类压缩机所能达到的压力如表 1-1 所示。

表 1-1 通风机、鼓风机和压缩机的压力范围

<table>
<tr><th colspan="2">分类</th><th>排气压力 $p(10^5\ Pa)$</th></tr>
<tr><td colspan="2">通风机</td><td>≤0.147</td></tr>
<tr><td colspan="2">鼓风机</td><td>0.147～2.0</td></tr>
<tr><td>低压</td><td rowspan="4">压缩机</td><td>2.0～10</td></tr>
<tr><td>中压</td><td>10～100</td></tr>
<tr><td>高压</td><td>100～1 000</td></tr>
<tr><td>超高压</td><td>>1 000</td></tr>
</table>

## 1.3 根据压缩机的冷却方式分类

分为风冷、液冷(如水冷、油冷、液风冷却等)、内冷却及外冷却等多种。其中以风冷式和水冷式朗应用较广。

## 1.4 根据原动机类型分类

分为电动机驱动,柴油、汽油、螺杆、天然气发动机或汽轮机驱动等多种。以电动机或柴油机驱动的居多。

尚有分为润滑或无润滑压缩机,以及按压缩机转速分为低速、中速、高速压缩机等。

空气压缩机的分类方法诸多,但核电厂主要有以下两种形式的空气压缩机:

1) 活塞式空气压缩机

2) 螺杆式空气压缩机

# 第二章　活塞式空压机压缩机

## 2.1　活塞式压缩机的功能

活塞式压缩机是一种容积式压缩机，是将机械能转换为输送气体压力能的机器，具体功能有：

1）增压作用：对低压气态物质（空气、制冷剂气体、氨气等）进行增压；

2）抽吸作用：可将低压的气态物质吸入到压缩机中。

## 2.2　活塞式压缩机的类型

活塞式压缩机的分类方法有很多种，常见的有以下几种分类方法：

1. 按气缸排列方式的不同分：

1）立式压缩机：气缸中心线与地面垂直；

2）卧式压缩机：气缸中心线呈水平，且气缸只布置在机身一侧；

3）角度式压缩机：气缸中心线互成一定角度；

4）对置式压缩机：气缸水平置于机身两侧。

2. 按压缩机的级数分：

1）单级压缩机：气体经一级压缩达到最终压力；

2）两级压缩机：气体经两级压缩达到最终压力；

3）多级压缩机：气体经三级及以上压缩达到最终压力。

3. 按压缩气体冷却方式不同分：

1）风冷式压缩机；

2）水冷式压缩机。

## 2.3　活塞式压缩机的基本结构

活塞式空气压缩机组由主机和附属装置组成。主机一般由以下几大部分组成(见图 2-1)。

1. 机体

它是空压机的定位基础构体，由机身、中体和曲轴三部分构成。小型空压机有时将三者制为一体。

2. 传动机构

由离合器、带轮或联轴器等传动装置，以及曲轴、连杆、十字头等运动部件组成。通过它们将驱动机的旋转运动转变为活塞的往复直线运动。

3. 压缩机构

由气缸、活塞组件、进(排)气阀等组成。活塞往复运动时,循环地完成工作过程(双作用式的则在活塞两侧同时进行)。

4. 润滑机构

由齿轮泵(有的为转子泵)、注油器、油过滤器和油冷却器等组成。齿轮油泵由曲轴驱动,向运动部件低压供油润滑。

5. 冷却系统

风冷式主要由散热风扇和中间冷却器等组成。水冷式由各级气缸水套、中间冷却器、管道、阀门等组成。系统中通以压力冷却水,借水的流动带走压缩空气时和运动部件所产生的热量。

附属装置主要包括:空气过滤器、盘车装置、传动装置、后冷却器、缓冲器、油水分离器、储气罐、冷却水泵、冷却塔、各种管路、阀门、电气设备及其保护装置、安全防护罩、网等,有的还设有便于压缩机轻载启动和控制冷却水通断的电磁阀,以及压缩空气净化装置和干燥装置等。

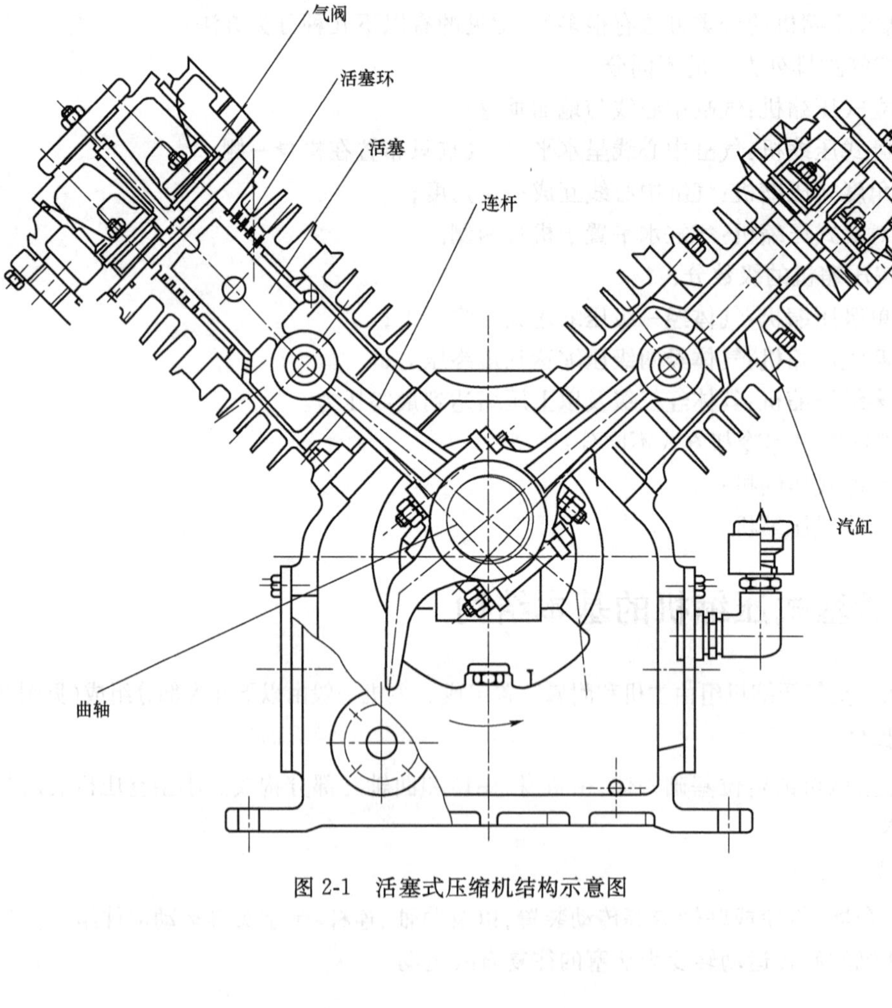


图 2-1　活塞式压缩机结构示意图

## 2.4　活塞式压缩机的工作原理

活塞式压缩机的工作循环是指活塞在气缸内往复运动一次，气体经过一系列状态变化后，又回到初始吸气状态的全部过程。活塞式压缩机的工作原理可以通过工作循环加以说明。

活塞式压缩机的工作循环是一个比较复杂的循环过程。由于活塞与气缸盖间的安装间隙及气阀阻力损失等各方面的原因，使实际气体压缩循环与理论气体压缩循环之间存在一定的差别。活塞式压缩机实际气体压缩循环如图 2-2 所示。

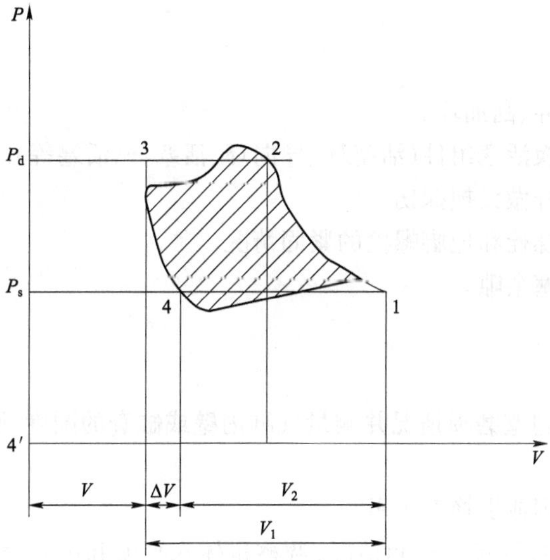


图 2-2　实际气体压缩循环示意图

活塞每往复运动一次，都重复着气体膨胀—进气—压缩—排气 4 个过程。图 2-2 中 1—2 曲线表示实际压缩过程、2—3 曲线表示实际排气过程、3—4 曲线表示实际膨胀过程、4—1 曲线为实际吸入过程。1—2—3—4 表示压缩机的一次实际循环。

## 2.5　活塞式压缩机的检修周期

检修周期可参考表 2-1。经验表明，坚持预防性的状态维修和计划检修对活塞式压缩机的安全运行是十分必要的。根据设备的运行状况、状态监测结果可适当调整检修周期。

表 2-1　检修周期

| 检修类别 | 小修 | 中修 | 大修 |
|---|---|---|---|
| 检修周期 | 4～6 月 | 6～12 月 | 24 月 |

## 2.6 活塞式压缩机的检修内容

1. 小修

1）检查或更换各级吸、排气阀片、阀座、弹簧，清理气阀部件上的结焦及污垢。

2）检查并紧固各部连接螺栓。

3）检查并清理注油器、单向阀、油泵、过滤器等润滑系统，并根据油品的化验结果决定是否更换润滑油。

4）检查并清理冷却水系统或风冷系统。

5）检查或更换压力表、温度计等就地仪表。

2. 中修

1）包括小修内容。

2）检查更换密封环、刮油环。

3）检查修理或更换活塞组件（活塞环、导向环、活塞杆、活塞等）。

4）必要时对活塞杆做无损探伤。

5）检查机身连接螺栓和地脚螺栓的紧固情况。

6）检查并调整活塞余隙。

3. 大修

1）包括中修项目。

2）检查测量气缸内壁磨损情况并测量气缸内壁或缸套的圆度、圆柱度，根据磨损情况，更换气缸套。

3）检查各轴承磨损或更换新轴承。

4）根据机组的运行及状态检测情况，调整机体水平度和中心位置，调整气缸及管线的支承。

5）检查校验安全阀、压力表及温度计。

6）检查清扫冷却器、缓冲罐、分离器等。

7）清理油箱并更换润滑油。

8）检查修理电动机并进行电气、仪表及安全连锁系统的检查调试。

# 第三章　螺杆式空气压缩机

## 3.1　螺杆式空气压缩机的功能

螺杆式压缩机是一种容积式压缩机，是将机械能转换为输送气体压力能的机器，具体功能有：

1）增压作用：对低压气态物质（空气、制冷剂气体、氨气等）进行增压；

2）抽吸作用：可将低压的气态物质吸入到压缩机中。

## 3.2　螺杆式空气压缩机的类型

螺杆式压缩机的分类方法有很多种，常见的有以下几种分类方法。

1．按运行方式的不同分：

1）无油压缩机；

2）有油压缩机。

2．按被压缩气体种类和用途的不同分：

1）空气压缩机；

2）制冷压缩机；

3）工艺压缩机。

3．按压缩气体冷却方式不同分：

1）风冷式压缩机；

2）水冷式压缩机。

## 3.3　螺杆式空气压缩机的基本结构

螺杆式压缩机的基本结构如图 3-1 所示。在压缩机的机体中，平行地配置着一对相互啮合的螺旋形的转子。通常把节圆外具有凸齿的转子称为阳转子或阳螺杆；把节圆内具有凹齿的转子称为阴转子或阴螺杆。一般阳转子与原动机连接，由阳转子带动阴转子转动。因此，阳转子又称为主动转子，阴转了又称为从动转子。转子上的球轴承使转子实现轴向定位，并承受压缩机中的轴向力。同样，转子两端的圆柱滚子轴承使转子实现径向定位，并承受压缩机中的径向力。在压缩机机体的两端，分别开设一定形状和大小的孔口。一个供吸气用称作吸气孔口；另一个供排气用称作排气孔口。

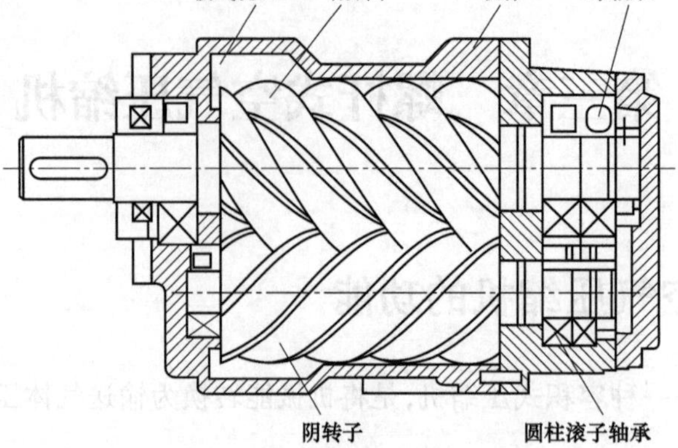


图 3-1　螺杆式压缩机结构示意图

## 3.4　螺杆式压缩机的工作原理

螺杆式压缩机的工作循环可分为吸气、压缩和排气三个过程。随着转子旋转，每对相互啮合的齿相继完成相同的工作循环，为简单起见，这里只介绍一对齿的工作循环过程。

1. 吸气过程

图 3-2 示出了螺杆式压缩机的吸气过程。图 3-2 中(a)为吸气过程即将开始的转子位置。在这一时刻，这一对齿前端的型线完全啮合，且即将与吸气口连通。随着转子开始运动，由于齿的一端逐渐脱离啮合而形成齿间容积，且齿间容积不断扩大，在其内部形成了一定的真空，而此齿间容积又仅与吸气口连通，因此气体便在压差作用下流入其中，如图 3-2(b)中阴影部分所示。在随后的转子旋转过程中，阳转子齿不断从阴转子的齿槽中脱离出来，齿间容积不断扩大，并与吸气口保持连通。图 3-2(c)为吸气过程结束时的转子位置，其最显著的特征是齿间容积达到最大值，随着转子的旋转，齿间容积不会再扩大。齿间容积在此位置与吸气口断开，吸气过程结束。

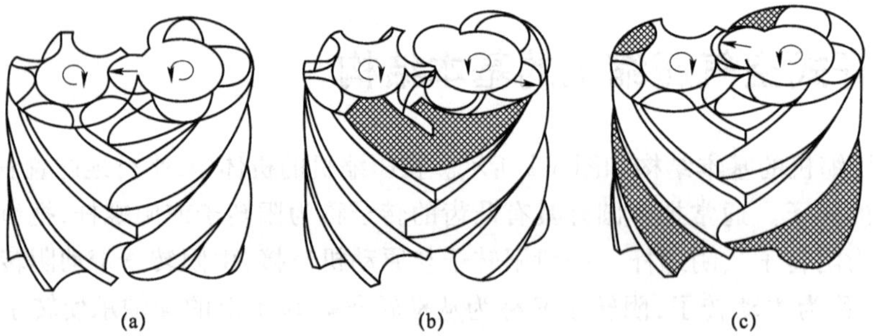

(a)　　(b)　　(c)

图 3-2　螺杆式压缩机吸气过程

(a) 吸气过程即将开始；(b) 吸气过程中；(c) 吸气过程结束

2. 压缩过程

图 3-3 示出了螺杆式压缩机的压缩过程。图 3-3(a)压缩过程即将开始的转子位置。此时，气体被转子齿和机壳包围在一个封闭的空间中，齿间容积由于转子齿的啮合开始减少。

随着转子的旋转,齿间容积由于转子齿的啮合而不断减少。被封闭在齿间容积中的气体所占据的体积也随之减少,导致压力升高,从而实现气体的压缩过程。如图 3-3(b)所示。压缩过程可一直持续到齿间容积即将与排气口连通之前,如图 3-3(c)所示。

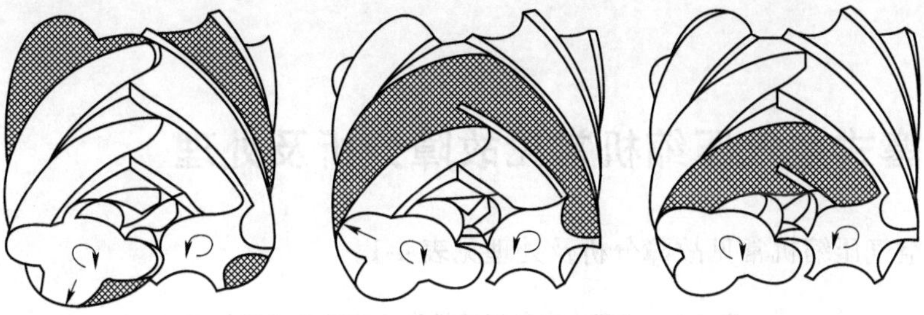

(a)　(b)　(c)

图 3-3　螺杆式压缩机的压缩过程

(a) 压缩过程即将开始;(b) 压缩过程中;(c) 压缩过程结束、排气过程即将开始

3. 排气过程

图 3-4 示出了螺杆式压缩机的排气过程。齿间容积与排气口连通后,即将开始排气过程。随着齿间容积的不断缩小,具有排气压力的气体逐渐通过排气口被排出(如图 3-4(a)所示)。这个过程一直持续到齿末端的型线完全啮合(如图 3-4(b)所示)。此时,齿间容积内的气体通过排气口被完全排出,封闭的齿间容积的体积将变为零。

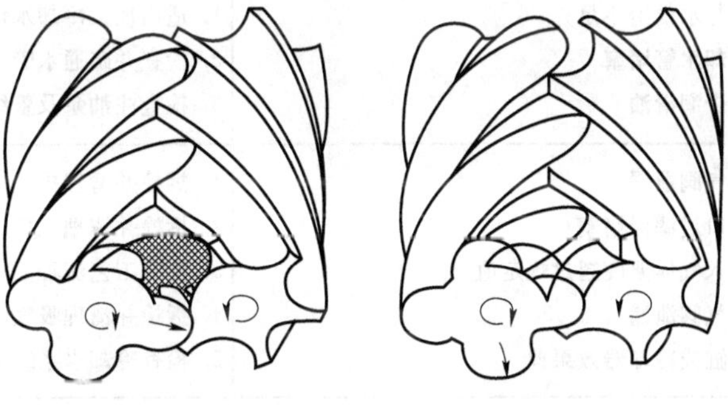

(a)　(b)

图 3-4　螺杆式压缩机的排气过程

(a) 排气过程中;(b) 排气过程结束

从上述工作原理可以看出,螺杆式压缩机是一种工作容积做回转运动的容积式气体压缩机械。气体的压缩依靠容积的变化来实现,而容积的变化又是借助压缩机的一对转子在机壳内做回转运动来达到的。

# 第四章　空气压缩机常见故障分析及处理

## 4.1　活塞式空气压缩机常见故障分析及处理

活塞式空气压缩机常见故障分析及处理见表 4-1。

表 4-1　活塞式空气压缩机常见故障分析及处理

| 故障现象 | 故障原因 | 处理方法 |
|---|---|---|
| 轴承温度高 | 1. 轴瓦与轴颈接触不均匀，或接触面少，单位面积上的比压过大<br>2. 轴承间隙过小<br>3. 轴颈圆柱度和轴直线度偏差过大<br>4. 润滑油量供应不足或中断<br>5. 润滑油变质<br>6. 润滑油进油温度过高 | 1. 用涂色法刮研轴瓦，改善单位面积上的比压<br>2. 调整轴承间隙<br>3. 校直轴<br>4. 检查油泵、管线和油过滤器<br>5. 更换润滑油<br>6. 调节油冷却器进水量 |
| 气缸温度高 | 1. 冷却水供给不足<br>2. 冷却水管堵塞<br>3. 缺少润滑油 | 1. 适当加大冷却水供给量<br>2. 检查并疏通水管<br>3. 检查注油泵及管线 |
| 排气温度高 | 1. 排气阀泄漏<br>2. 入口过滤器堵塞<br>3. 吸入气体温度超过规定值<br>4. 吸气阀泄漏<br>5. 气缸或冷却器效果差 | 1. 拆检并清理排气阀<br>2. 拆检并清理入口过滤器<br>3. 检查工艺流程<br>4. 拆检并清理吸气阀<br>5. 检查冷却水系统或清洗冷却器 |
| 气缸内和运动部件有异音 | 1. 阀片断裂或弹簧断裂<br>2. 阀体压筒破裂或松动<br>3. 气缸余隙容积太小<br>4. 气缸中积聚液体<br>5. 气缸中有异物<br>6. 缸套松动或断裂<br>7. 活塞或活塞环严重磨损<br>8. 活塞紧固螺母松动或活塞杆断裂<br>9. 连杆螺栓、轴承压盖螺栓松动或断裂 | 1. 检查更换阀片或弹簧<br>2. 重新压紧或更换压筒<br>3. 调整余隙容积<br>4. 检查积液原因并处理<br>5. 检查处理<br>6. 检查更换缸套<br>7. 检查修理或更换<br>8. 重新紧固螺母或更换活塞杆<br>9. 检查紧固或更换 |
| 管路发生不正常的振动 | 1. 管卡太松或断裂<br>2. 支撑刚性不够<br>3. 管架或吊架不牢<br>4. 管路系统产生共振 | 1. 紧固或更换管卡<br>2. 加固支撑<br>3. 加固管架或吊架<br>4. 重新配置管路系统 |

续表

| 故障现象 | 故障原因 | 处理方法 |
| --- | --- | --- |
| 油泵出口压力低或无压力 | 1. 吸入管法兰或接头漏,吸入空气<br>2. 油泵壳体或轴封有泄漏<br>3. 吸入阀有故障或油管堵塞<br>4. 油箱内油位太低<br>5. 油过滤器堵塞<br>6. 油泵驱动机转速下降<br>7. 安全阀故障 | 1. 查堵漏点<br>2. 检查并消除漏点<br>3. 检查并疏通油管<br>4. 添加润滑油<br>5. 清洗油过滤器<br>6. 查明原因并恢复到正常转速<br>7. 重新调校安全阀 |
| 油温升高 | 1. 油冷却器供水不足<br>2. 油冷却器结垢<br>3. 润滑油变质 | 1. 加大油冷却器供水量<br>2. 检查、清洗油冷却器<br>3. 更换润滑油 |
| 压缩机排气压力低 | 1. 活塞环漏气<br>2. 气阀漏气 | 1. 检查更换活塞环<br>2. 检查更换阀片 |
| 排气量达不到设计要求 | 1. 气阀泄漏<br>2. 活塞环严重磨损或断裂<br>3. 气缸余隙过大 | 1. 检查更换气阀<br>2. 检查更换活塞环<br>3. 调整气缸余隙 |
| 主机振动加大 | 1. 地脚螺栓松动,基础倾斜或有裂纹<br>2. 电机与压缩机对中超差<br>3. 管道振动对主机造成的影响 | 检查与检修 |

## 4.2　螺杆式空气压缩机常见故障分析及处理

螺杆式空气压缩机常见故障分析及处理见表4-2。

**表4-2　螺杆式空气压缩机常见故障分析及处理**

| 故障现象 | 故障原因 | 处理方法 |
| --- | --- | --- |
| 压缩机流量减少或出口压力降低 | 1. 压缩机下游用户用气量突然增大<br>2. 压缩机组中的安全阀起跳漏气<br>3. 压缩机加卸载的设定不正确 | 1. 调查下游用户的用气量情况<br>2. 检查机组安全阀是否起跳<br>3. 检查机组的加卸载压力开关定值是否正常 |
| 润滑油油压过低 | 1. 润滑油油位过低<br>2. 润滑油过滤器堵塞<br>3. 润滑油调压阀故障 | 1. 检查机组油位,若偏低则进行加注<br>2. 更换润滑油过滤器<br>3. 调整润滑油调压阀 |
| 润滑油油温过高 | 1. 润滑油油位过低<br>2. 润滑油过滤器堵塞<br>3. 冷却风量过少或排风受阻 | 1. 检查机组油位,若偏低则进行加注<br>2. 更换润滑油过滤器<br>3. 清洗润滑油冷却器 |
| 压缩机排气温度过高 | 1. 压缩机进气温度过高<br>2. 冷却风量过少<br>3. 冷却器堵塞换热效果差 | 1. 增加压缩机房内空气的流通<br>2. 清洗冷却器 |

续表

| 故障现象 | 故障原因 | 处理方法 |
| --- | --- | --- |
| 压缩机不能正常加卸载 | 1. 加卸载电磁阀故障<br>2. 进气阀膜片破裂<br>3. 加卸载控制管路漏气<br>4. 加卸载电磁阀不能有效得电<br>5. 加卸载压力开关定值漂移 | 1. 检查进气阀膜片是否破裂<br>2. 检查加卸载电磁阀<br>3. 检查控制管路是否漏气<br>4. 检查加卸载压力开关到电磁阀之间的回路是否正常<br>5. 校验加卸载压力开关 |

# 第五章　经验反馈

秦山第二核电厂在 2009 年至 2010 年间 1SAP001CO 多次出现润滑油温度高，期间进行了以下检修措施：

1）更换了润滑油过滤器，对更换下的润滑油过滤器进行检查没有发现有脏堵现象。

2）对润滑油系统上的油压调节阀和油压旁通阀进行检查，没有发现异常。

3）对齿轮油泵进行检查未发现异常。

4）对仪表进行了校验并更换了不合格的仪表。

5）对油冷却器也进行了清洗。

通过以上检修措施后还是无法消除缺陷，后经查询厂家资料发现空气压缩机组出口风管与厂家要求的走向不尽一致，致使排风阻力增大，热量无法有效排出。后参照扩建机组及厂家建议在排风管上安装了引流风机，此措施采取后成功解决了润滑油温度的故障。

# 第六章　习　题

## 6.1　选择题

1. 下述哪项不属于螺杆式空气压缩机组润滑油温度高的可能原因?(D)

A. 润滑油油位低　　B. 润滑油过滤器堵塞

C. 润滑油冷却器堵塞　　D. 油压传感器故障

2. 下述哪项不属于螺杆式空气压缩机组不能正常加载的可能原因?(D)

A. 进气阀膜片破裂　　B. 加卸载电磁阀故障

C. 加卸载压力开关定值飘逸　　D. 冷却风量少

3. ZT145 型空气压缩机组常规保养有几种?(C)

A. 2　　B. 3　　C. 5　　D. 4

## 6.2　判断题

1. 油压传感器故障不是导致润滑油压力低的可能原因。　(×)

2. 加卸载电磁阀故障是导致空压机不能正常加载的可能原因。　(√)

3. 气阀泄漏将导致空气压缩机排气量达不到设计要求。　(√)

## 6.3　阐述题

简述活塞式空气压缩机的工作原理。

答:活塞式压缩机的工作循环是指活塞在气缸内往复运动一次,气体经过膨胀—进气—压缩—排气四个过程后,又回到初始吸气状态的全部过程。

# 第十三部分　风机维修

## 第一章　操作准备

### 1.1　原理描述

#### 1.1.1　风机工作原理及分类

风机是依靠输入的机械能，提高气体压力并排送气体的机械，它是一种从动的流体机械，通常风机都是利用高速旋转的叶轮将气体进行加速的。

风机的分类如下：

1. 按气流运动方向分类

(1) 离心风机：气流轴向进入风机叶轮后主要沿径向流动，或称径流式通风机。

(2) 混流风机：气流轴向进入风机叶轮后近似的在圆柱形表面上沿轴线方向流动。

(3) 轴流风机：在风机的叶轮中气流的方向处于轴流式和离心式之间，近似沿锥面流动，或称斜流式通风机。

2. 按风机压力分类

(1) 低压离心通风机，风压在 980 Pa 以下。

(2) 中压离心通风机，风压为 980～2 942 Pa。

(3) 高压离心通风机，风压在 2 942～14 710 Pa。

(4) 低压轴流通风机，风压在 493 Pa 以下。

(5) 高压轴流通风机，风压在 493～4 930 Pa。

#### 1.1.2　风机结构及部件简介

风机的主要组成部件如下：机壳，软连接，主轴，叶轮，轴承，轴承座，皮带轮，皮带及皮带罩，电机等。

如图 1-1 就是一台典型的风机。

#### 1.1.3　风机的预防性维修

主风机的预防性检修包括：轴承润滑，年度轴承润滑及皮带检查和全面解体检查三种。

图 1-1 典型的风机照片

1. 轴承润滑

风机的轴承润滑周期通常为 3 至 4 个月，其主要目前为定期对转动风机的轴承进行补油润滑，以延长其使用寿命，一般的轴承润滑工作都是在线进行，即在风机运行的工况下直接对风机的轴承加注润滑脂。

2. 年度轴承润滑及皮带检查

此工作为风机的年度必检项目，对风机的正常连续运行及使用寿命延长具有重要作用(见图 1-2)。

图 1-2 打开轴承座上盖后检查轴承

根据历史检修经验，风机在运行一年以上，其皮带及轴承的故障率会迅速上升，所以在风机连续运行满一年时需对风机进行皮带、轴承和其他部件的检查工作。

3. 全面解体检查

此项工作只在部分较为重要的风机的预防性维修大纲中有,且检修周期较长,通常为 3 年及以上,其内容包含了年度检查的所有内容外还对一些使用周期较长的非易损件进行检查。由于全面解体检查涉及部件较多,且拆装部件较多,有拆装后风机运行效果比未拆前差的风险,所以执行此项检修工作需格外注意。

## 1.2　文件准备

1）维修规程:M/MM/X/DVE/XZV/006 上风 QF-C21-4 型风机定期检查和润滑;M/MM/X/DVL/XZV/001 1DVL101ZV 风机定期检查和润滑。

2）质量计划:无。

3）异物排除方案:无编号,需编、审、批签字。

## 1.3　工器具准备

1）常用工器具:9/10 开工扳手 2 把,13/14 开工扳手 2 把,17/19 开口扳手 2 把,22/开口扳手 2 把,16 套筒 1 个,20～100 N・m 力矩扳手 1 把,线坠 2 个,手电 2 个,十字螺丝刀 2 把。

2）专用工器具:皮带张力器 2 个。

3）计量器具:0～2 m 卷尺 2 把,塞尺 1 把。

## 1.4　模拟体准备

C 式带式皮带模拟体,E 式带式皮带模拟体。

## 1.5　辐射防护准备

无。

## 1.6　工业安全准备

必要的防护用品:防砸鞋、防护手套及安全帽等。

## 1.7　配合人员准备

无。

## 1.8　场地准备

根据培训地点确定。

# 第二章　操作实施

## 2.1　操作实施 1　风机皮带更换

风机皮带更换见表 2-1。

**表 2-1　风机皮带更换**

| 序号 | 操作步骤 | 操作要求 | 工器具 | 测评标准 | 备注 |
|---|---|---|---|---|---|
| 1 | 拆除皮带罩 | 操作仔细认真,拆除的螺栓妥善安置,如有不同尺寸,需分类存放 | 开口扳手 | 动作迅速,螺栓存放妥善 | |
| 2 | 移开电机 | 将电机螺栓松开,移动电机,使皮带便于取下 | 开口扳手 | 成功移开电机 | |
| 3 | 取下皮带 | 将皮带从皮带轮上取下 | 无 | 动作简洁,不损坏皮带 | |
| 4 | 目视检查旧皮带 | 对旧皮带的外观和质量进行检查,查看是否有磨损或裂缝 | 无 | 检查内容准确 | |
| 5 | 安装新皮带 | 将新皮带安装至皮带轮上 | 无 | 安装迅速,不损坏新皮带 | |
| 6 | 回装电机 | 将电机回位 | 开口扳手 | 成功回装电机 | |
| 7 | 新皮带对中 | 对新安装的皮带进行对中调整,对中精度要求 1/1 000 | 线坠,皮带张力器 | 新皮带对中准确到位 | |
| 8 | 回装皮带罩 | 将皮带罩回装 | 开口扳手 | 成功回装皮带罩 | |

## 2.2　操作实施 2　测量轴承游隙

测量轴承游隙见表 2-2。

**表 2-2　测量轴承游隙操作**

| 序号 | 操作步骤 | 操作要求 | 工器具 | 测评标准 | 备注 |
|---|---|---|---|---|---|
| 1 | 打开轴承座 | 将轴承座打开 | 开口扳手 | 动作正确 | |
| 2 | 测量轴承游隙 | 用塞尺测量轴承游隙 | 塞尺 | 测量方法正确 | |
| 3 | 记录轴承游隙 | 将测量的轴承游隙值记录下来 | 无 | 记录数据及单位正确 | |
| 4 | 回装轴承座 | 将轴承座回装,并紧固螺栓 | 开口扳手 | 动作正确 | |

## 2.3　操作实施 3　更换润滑脂

更换润滑脂操作见表 2-3。

表 2-3　更换润滑脂操作

| 序号 | 操作步骤 | 操作要求 | 工器具 | 测评标准 | 备注 |
|---|---|---|---|---|---|
| 1 | 旧润滑脂检查 | 盘动轴承,检查旧润滑脂质量 | 无 | 动作正确 | |
| 2 | 取出旧润滑脂 | 手动取出旧润滑脂 | 无 | 手部清洁,油脂清理干净 | |
| 3 | 添加润滑脂 | 手动添加新润滑脂 | 无 | 手部清洁,新油脂添加均匀 | |

## 2.4　实施中需要特别注意的几个关键点

1）拆除及安装皮带时需注意手部安全

拆除及安装皮带时需盘动皮带轮,此时皮带轮会产生很大的惯性转动力,如果此时手部过于靠近皮带轮,则容易使手被卷入皮带轮中导致手指受伤。

2）对轴承游隙的测量

使用塞尺时,对于合适的轴承游隙测量标准,应以“基本通过,略微受阻”为最佳。

3）更换润滑脂

由于风机运行时润滑脂是在轴承室内部工作的,更换润滑脂时需保证手部清洁,防止有异物或杂质混入润滑脂导致润滑失效。

# 第三章　故障检查和处理

常见故障现象和判断方法见表 3-1。

表 3-1　常见故障现象和判断方法

| 常见缺陷描述 | 故障原因分析 | 解决方法 |
|---|---|---|
| 轴承温度高 | 润滑脂过多 | 减少定期加润滑脂的量 |
| | 润滑脂型号不符合要求 | 更换成合适的油脂 |
| | 定位环间隙太小 | 检查轴承,调整定位环间隙 |
| | 轴承润滑周期过长 | 及时进行预防性润滑 |
| 风机运行异音 | 润滑脂不足 | 增加定期加润滑脂的量 |
| | 轴承游隙和定位环间隙不符合要求 | 检查并重新安装轴承 |
| | 皮带轮及叶轮与转轴之间的配合有误 | 检查转轴与皮带轮及叶轮的问题 |
| 皮带抖动大 | 皮带安装时张力调整不符合要求 | 重新安装皮带并调整好皮带张力 |
| | 皮带使用时间较长、磨损严重 | 定期更换风机皮带 |
| 风机运行振动高 | 叶轮动平衡偏差大 | 需对多方面原因进行综合考虑,解决方法一般都是组合性的 |
| | 轴承座及机座受力不均 | |
| | 减振垫松动或失效 | |
| | 轴承游隙偏差较大 | |
| | 轴承与轴承座配合偏差 | |
| | 其他原因 | |

# 第四章 操作结束

## 4.1 培训关键点

风机更换皮带过程中,新皮带的对中调整及皮带张力控制是关键,直接影响后续皮带的正常工作乃至整台风机的运行状态。

测量轴承游隙的过程中,塞尺的正确使用可以影响最终的测量数值,设置可以由读数来决定是否需要换轴承,需要严格把关。

更换润滑脂过程中,需要对旧油脂进行色质检查,如发现油脂已发黑,则说明润滑脂已变质,需要将油脂彻底清理干净后再加油脂。

## 4.2 针对学员技能培训进行点评

更换皮带中,动作要流畅,同时要保护自身不受伤害,对中及调皮带张力的方法需正确。学员能复述出工作的过程及要点。教员对学员的陈述简要记录,根据阐述评判学员的掌握情况。教员指出学员阐述过程中的错误以及需要注意的事项,并且依据评判表,对学员的学习情况做出整体评判。

## 4.3 清理现场

工作结束后,做到工完料尽场地清。工具整理并与工具清单进行对比,确保工具无缺失,并检查工具的可用性,记录损坏情况并汇报。对更换的领料物资与领料单进行核实,确保所有可更换的物资已更换。对清理工作过程中的耗材,进行分类处理,放置到对应的塑料袋中。清理现场的塑料布,橡胶板,必要时用白布清理现场。

## 4.4 工后会

回顾工作过程:场地已清理,设备标牌完好,对检修任务进行评价,是否达到预期的目的,试验设备与工器具已经归还。

工作后的经验反馈是对以后同类型的阀门工作的经验积累,以提高工作的检修技能,能够更好的完成检修工作。

# 第五章 经验反馈

## 5.1 2DVN003ZV 风机轴承烧毁

故障描述:2007 年 3 月 1 日,2DVN003ZV 风机非驱动端轴承温度瞬间达到 100 ℃,导致其烧毁,轴承内外圈及保持架损坏,轴承座严重磨损,同时皮带也被拉断,后果非常严重。

故障原因:在故障发生前 10 个月内未对风机进行过预防性维修及润滑,属于预防性维修及润滑不及时,导致轴承缺少润滑脂致使其干磨而迅速升温。

检修过程:对风机进行全面解体检查,吊出电机及风机箱体,整体拆除风机传动机构,将叶轮整体做动平衡试验,同时全部更换主轴、轴承、轴承座、定位环、油封、皮带、紧定套和润滑脂,对新的主轴跳动量进行测定,同时测量轴承游隙和轴承座水平度均合格,重新调整皮带平行度和张力,回装风机,品质再鉴定合格,缺陷消除。

经验反馈:风机的轴承和皮带是最容易出现缺陷的部件,风机的轴承润滑和皮带检查类的预防性项目必须及时触发并实施,否则就会出现轴承缺油干磨和皮带断裂等缺陷,有时会造成严重的后果。目前此台 2DVN003ZV 风机机械方面拥有“轴承润滑及皮带检查”,“轴承清洗、检查和更换油脂”,“风机轴承更换”三个预防性维修项目,周期分别为 6 个月,1 年和 3 年,比较完善了,只要及时对风机进行有效的预防性维修工作,发生缺陷的几率就会大大降低。

## 5.2 2DVK001ZV 风机振动大

从 2007 年 10 月至 2008 年 2 月,2DVK001ZV 风机由于振动大共进行过 3 次检修,这次振动大的原因和处理方法均不相同,以下是具体检修过程。

1) 第一次检修

故障描述:2007 年 10 月 16 日,2DVK001ZV 风机振动监测指示波动过大。

故障原因:主要为叶轮动平衡偏差大造成,同时减震器、轴承的缺陷也可能会造成振动过大。

检修过程:对风机进行全面解体检查。首先发现风机底部减震器部分已经失效。检查皮带完好。检查轴承润滑脂变黑需更换,轴承间隙合格但同轴度偏大需更换轴承。叶轮动平衡试验不合格,重新修补后再做直到合格,检查风机其他部位完好无异常。更换风机轴承、润滑脂、减震器后重新回装,品质再鉴定合格。

2) 第二次检修

故障描述:2007 年 12 月 3 日,2DVK001ZV 风机振动监测指示波动大,出现高报警。

故障原因:可能为轴承座缺陷、机座受力分部不均引起。

检修过程:检查皮带情况良好,检查润滑脂也正常,检查轴承表面有擦伤,且轴承座上盖也有磨损的痕迹。更换了新的轴承及轴承座后回装,品质再鉴定合格。

3) 第三次检修

故障描述:2008年2月1日,现场巡检发现2DVK001ZV有一点振动波动大,最低20 μm,最高达到120 μm。

故障原因:减震器有轻微松动。

检修过程:检查减震垫轻微松动;减震垫上的紧固螺栓的弹簧垫片弹力失效,领取新的弹簧垫片并更换,重新调整减震垫,直至振动在合格范围,品质再鉴定合格,缺陷消除。

经验反馈:综合这三次检修情况看,造成风机振动高的原因很多,如叶轮,轴承及轴承座,减震器及底部支架等的缺陷都有可能造成风机运行振动高,必须遵循"具体情况具体分析"的原则。在检测手段有限的情况下,需要尽量做到检修全面,同时在检修完毕后需要确认紧固部件已完全固定。

## 5.3 2DVG002ZV 风机运行异音

故障描述:2010年11月30日,2DVG002ZV风机运行中出现异音。

故障原因:轴承安装不当,导致非驱动端游隙超差达到0.12 mm,正常为0.035~0.065 mm。

检修过程:解体风机,打开轴承座上盖,检查风机轴承发现非驱动端间隙超差,且磨损严重,油脂变质。更换了轴承,轴承座及润滑脂,重新对皮带进行调整对中,回装风机,品质再鉴定合格,缺陷消除。

经验反馈:在检修风机时轴承的安装需特别细心,稍有误差便会导致各种缺陷,如运行异音和轴承温度高等,检修人员在这方面需特别注意。

## 5.4 1DVE007ZV 皮带抖动大

故障描述:2011年6月7日,1DVE007ZV风机皮带抖动大且两根皮带时常发出相互碰触的"嗒嗒"声。

故障原因:皮带磨损。

检修过程:拆除皮带罩及皮带,检查发现皮带磨损严重,检查皮带轮无磨损迹象。更换了新的皮带后重新对中检查回装,品质再鉴定合格,缺陷消除。

经验反馈:为了防止日常期间风机运行过程中出现皮带断裂的情况,在日常运行的风机年度检查中均直接将皮带进行更换,同时每次检修完毕风机后需对皮带进行仔细的对中调整,以确保起机运行后皮带不会因为安装问题而出现抖动大缺。

# 第六章　习　题

## 6.1　选择题

1. 风机轴承润滑的周期一般为(B)。

A. 1个月　　B. 3至4个月

C. 1年　　D. 所有风机都无须轴承润滑

2. 如果轴承游隙超差且无法调整到合格范围内,则需采取的措施是(C)。

A. 直接回装　　B. 对轴承进行机加工修复

C. 更换轴承　　D. 更换轴承座

3. 测量轴承游隙所用的工具为(B)。

A. 游标卡尺　B. 塞尺　C. 螺旋测微器　D. 百分表

4. 以下哪项不是风机运行轴承温度高的原因(A)。

A. 皮带安装时张力调整不当　　B. 润滑脂型号不符合要求

C. 定位环间隙太小　　D. 轴承润滑周期过长

5. 以下哪个风机缺陷在日常巡检中可以被发现(D)。

A. 皮带抖动大　B. 风机运行异音　C. 轴承温度高　D. 都能被发现

## 6.2　判断题

1. 风机全面解体检查的周期一般为一年左右。　(×)

2. 造成风机振动的原因通常是多方面的,分析缺陷时需进行综合考虑,同时解决的方法一般都是组合性的。　(√)

3. 轴承在线润滑时,为了省时间,加完润滑脂后便可直接离开,无须在现场停留。　(×)

4. 在日常预防性维修工期太紧的情况下,风机年度检查工作中可以省略对轴承由隙测量的步骤。　(×)

## 6.3　问答题

列举出风机的主要组成部件(写出6个给满分)。

答案:机壳,软连接,主轴,叶轮,轴承,轴承座,皮带轮,皮带及皮带罩,电机等。

## 6.4 实操题

**鉴定点:风机皮带更换的对中测量及皮带张力调整**

**试题 1:风机皮带更换**

1. 准备要求

考场准备:

(1) 试题名称:风机皮带更换

(2) 本题分值:20

(3) 考核时间:40 min

(4) 考核形式:实操

(5) 设备设施准备

| 序号 | 名称 | 规格 | 单位 | 数量 | 备注 |
|---|---|---|---|---|---|
| 1 | 风机模拟体 | | 台 | 1 | 教学模拟体一台 |
| 2 | 扳手,一字螺丝刀等 | | 套 | 1 | 风机检修用工具 |

考生准备:

(1) 试题名称:风机皮带更换

(2) 本题分值:20

(3) 考核时间:40 min

(4) 考核形式:实操

(5) 工具及其他准备:无

2. 考核要求

(1) 本题分值:20

(2) 考核时间:40 min

(3) 考核形式:实操

(4) 具体考核要求:根据解体规程,熟悉其关键点,风机拆除前需标记位置,皮带更换过程大致步骤

(5) 否定项说明:无

3. 配分与评分标准

| 序号 | 考核内容 | 考核要点 | 配分 | 评分标准 | 扣分 | 得分 |
|---|---|---|---|---|---|---|
| 1 | 皮带拆除 | 皮带拆除的准备工作 | 5 | 1. 未做好工前准备扣 2 分。<br>2. 在拆除皮带罩及螺栓前做记号扣 2 分。 | | |
| 2 | 新皮带安装 | 安装过程是否正确 | 5 | 1. 野蛮操作扣 2 分。<br>2. 对手部造成伤害扣 2 分。 | | |

续表

| 序号 | 考核内容 | 考核要点 | 配分 | 评分标准 | 扣分 | 得分 |
|---|---|---|---|---|---|---|
| 3 | 皮带对中 | 检查对中方法是否正确 | 5 | 1. 未用对中工具扣2分。<br>2. 对中读数不正确扣2分。 | | |
| 4 | 皮带张力调整 | 检查调整张力的方法是否正确 | 5 | 1. 未使用皮带张力计扣2分。<br>2. 读数错误扣2分。 | | |

否定项：1. 工器具随意堆放，或丢失。

2. 工作完成后未及时清理场地。

评分人：　年　月　日　　　　核分人：　年　月　日

# 第十四部分 蝶阀维修

## 第一章 操作准备

### 1.1 原理描述

#### 1.1.1 蝶阀原理

蝶阀是使用圆盘式启闭件(阀堵)往复回转 90°左右来开启、关闭和调节流体通过的阀门。随着防化学腐蚀的合成橡胶在蝶阀上的应用,蝶阀的性能得以提高。由于合成橡胶具有耐腐蚀、抗冲击,尺寸稳定,弹性好,易于成形,成本低廉等特点,并可根据不同的使用要求,选择不同性能的合成橡胶,以满足蝶阀的使用工况条件,因而被广泛用于制造蝶阀的衬里和弹性阀座。蝶阀在完全开启时,具有较小的流阻,单开启大约在 15°~75°时,又能进行灵敏的流量控制,因而在大口径的调节领域,蝶阀的应用非常普遍。

#### 1.1.2 蝶阀结构

蝶阀结构如图 1-1 所示。

### 1.2 文件准备

蝶阀技能培训完全模拟现场工作,具有完整的工作包,包括工作指令单,质量计划、风险分析、领料、隔离指令等,规程使用为 M/MM/Y/XJQ/XVX/087 扩建机组 DN300 不锈钢蝶阀解体检查,工前会、工后会、设备信息收集单等。

### 1.3 工器具准备

工器具准备见表 1-1。

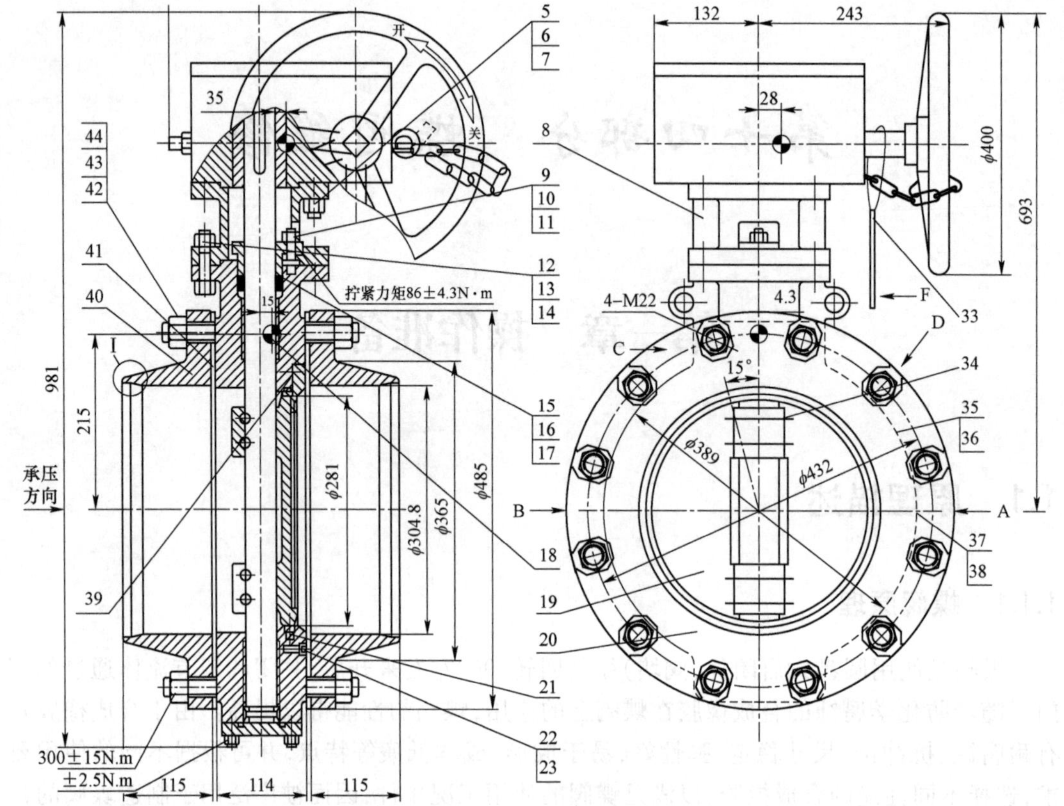


图 1-1 蝶阀图纸

5—螺柱；6—垫圈；7—螺母；8—支架；9—填料压盖；10—螺柱；11—螺母；12—螺栓；13—垫圈；14—螺母；15—上填料；16—中填料；17—下填料；18—轴承Ⅰ；19—蝶板；20—阀体；21—密封圈；22—压圈；23—螺钉；27—减摩调整垫；28—端盖；33—销；34—标牌；35—铆钉；36—字牌；37—铆钉；38—螺钉；39—配对法兰；40—法兰垫片；41—螺柱；42—螺柱；43—螺母；44—垫圈

**表 1-1 工器具准备**

| 工具名称 | 规格 | 数量 |
|---|---|---|
| 一字螺丝刀 | | 1 把 |
| 两用扳手 | 12 号 | 2 把 |
| 两用扳手 | 17 号 | 2 把 |
| 两用扳手 | 19 号 | 2 把 |
| 两用扳手 | 24 号 | 2 把 |
| 两用扳手 | 30 号 | 2 把 |
| 内六角扳手 | 6 号 | 1 把 |
| 力矩扳手 | 20～100 N·m | 1 把 |
| 开口头 | 12 号 | 1 个 |

续表

| 工具名称 | 规格 | 数量 |
| --- | --- | --- |
| 开口头 | 19 号 | 1 个 |
| 铜棒 | | 1 把 |
| 销子冲 | | 1 把 |

## 1.4　模拟体准备

培训楼模拟体，模拟体处于可用状态。检查模拟体是否有损坏，核实可否正常动作，以确保教学过程的顺利实施。

## 1.5　辐射防护准备

培训楼模拟体无辐射风险，教学过程中需要模拟实施辐射防护，需要说明在现场实际工作中所要采取的防护措施。根据不同的辐射水平，所采取的辐射防护措施也有所不同，具体依照现场工作环境而确定，辐射防护的措施一般有以下内容：

1）穿戴辐射防护用品，如乳胶手套、口罩、纸衣等；
2）工作人员佩戴剂量率仪表，控制作业时间，做好防异物措施；
3）涉及零部件的运出，需要及时办理许可证。

## 1.6　工业安全准备

按照工业安全规定执行，所有人员穿戴劳动保护用品。具体的工业安全准备需根据现场环境而确定，但基本的工业安全需要准备。所有人员必须佩戴安全帽、防砸鞋、工作服、手套等。检修场地使用警示带围栏进行隔离，确保工作过程中无非工作人员进入。

## 1.7　配合人员准备

无。

## 1.8　场地准备

现场铺设检修垫用于摆放工器具；铺设橡胶板用于放置零部件；清理场地，确保检修场地无其他异物；合理分配场地，确保工具、设备的合理分布，方便检修；在场地外围布置警示带。

# 第二章　操作实施

## 2.1　操作实施 1　蝶阀解体

蝶阀解体操作见表 2-1。

**表 2-1　蝶阀解体操作**

| 序号 | 操作步骤 | 操作要求 | 工器具 | 测评标准 | 备注 |
|---|---|---|---|---|---|
| 1 | 设备隔离，介质排空 | 此步骤为现场实施，模拟体模拟实施 | | 模拟体检查 | |
| 2 | 确认阀门状态 | 转动手轮确保阀门处于关闭状态 | | 阀门手动关闭，处于关闭位置 | |
| 3 | 标记传动装置与支架位置 | 用记号笔标记传动装置与支架的位置，便于回装。 | 记号笔 | 标记准确，便于识别 | |
| 4 | 拆除支架螺栓 | 拆除传动装置与支架的连接螺栓 | 两用扳手 24 号 | 螺栓无损伤 | |
| 5 | 取下传动装置 | 垂直取下传动装置，并放置与检修垫上，并取下键 | | 传动装置无碰擦，键不掉落 | |
| 6 | 标记支架与阀体 | 用记号笔标记支架与阀体位置，方便支架的原位置回装 | 记号笔 | 标记准确，便于识别 | |
| 7 | 拆除支架 | 拆除支架与阀体连接螺栓，并取下支架放置与检修垫上。 | 两用扳手 24 号 | 螺栓无损伤 | |
| 8 | 拆下填料压盖 | 拆除填料压盖螺栓，取下填料压盖 | 两用扳手 19 号 | 螺母、填料压盖无损坏 | |
| 9 | 标记压圈 | 标记压圈与阀体的位置 | 记号笔 | 标记准确，便于识别 | |
| 10 | 拆除压圈与密封圈 | 拆除压圈固定螺钉，取下压圈与密封圈 | 内六角扳手 6 号 | 螺钉均匀拆下，压圈无碰擦 | |
| 11 | 标记下端盖与阀体位置 | 用记号笔标记下端盖与阀体的位置便于回装 | 记号笔 | 标记准确，便于识别 | |
| 12 | 拆除下端盖 | 拆除下端盖螺栓，取下下端盖及零部件 | 两用扳手 17 号 | 端盖无损坏 | |
| 13 | 拆除销 | 用销子冲取下阀板与轴的连接销 | 销子冲 | 销子完好取下 | |
| 14 | 拆除固定螺钉 | 拆除轴与阀板的连接螺钉 | 一字螺丝刀 | 螺钉完好取下 | |
| 15 | 取下半开环 | 使用铜棒从上部轻轻敲击轴，露出半开环后取下 | 铜棒 | 轴无掉落，半开环无损坏 | |

续表

| 序号 | 操作步骤 | 操作要求 | 工器具 | 测评标准 | 备注 |
|---|---|---|---|---|---|
| 16 | 取下轴 | 用铜棒敲击轴，取下轴 | | 轴无损坏 | |
| 17 | 取下阀板 | 轻轻取下阀板 | | 阀板无碰擦 | |
| 18 | 取下填料 | 从填料函中取下填料 | | 注意不损坏填料函 | |
| 19 | 放置零部件 | 将零部件整齐的摆放在检修垫上 | | 零部件整齐摆放 | |

## 2.2　操作实施 2　清洗、检查零部件

清洗、检查零部件操作见表 2-2。

表 2-2　清洗、检查零部件操作

| 序号 | 操作步骤 | 操作要求 | 工器具 | 测评标准 | 备注 |
|---|---|---|---|---|---|
| 1 | 解体阀门蜗杆传动装置 | 拆开传动装置的上盖 | 两用扳手 12 号 | 上盖完好取下 | |
| 2 | 检查传动装置 | 检查传动装置有无损坏及润滑情况 | 目视 | 判断是否有缺陷 | |
| 3 | 回装传动装置 | 回装传动装置的上盖 | 两用扳手 12 号 | 上盖原位置回装 | |
| 4 | 清洗轴与阀板 | 用清洗剂清洗轴与阀板 | 清洗剂、白布 | 清洗干净 | |
| 5 | 清洗阀体内腔 | 用清洗剂清洗阀体内腔 | 清洗剂、白布 | 清洗干净 | |
| 6 | 检查阀体、阀座 | 检查阀体、阀座是否光滑，有无划痕 | 目视 | 准确判断缺陷 | |
| 7 | 检查阀板 | 检查阀板是否光滑，有无划痕 | 目视 | 准确判断缺陷 | |
| 8 | 检查支架 | 检查支架有无裂纹或损坏现象 | 目视 | 准确判断有无缺陷 | |
| 9 | 检查填料函 | 检查填料函应光滑无变形 | 目视 | 准确判断有无缺陷 | |
| 10 | 检查轴承 | 检查轴承是否有严重划痕 | 目视 | 准确判断有无缺陷 | |
| 11 | 检查填料压盖 | 清理检查填料压盖、压紧螺栓应无严重腐蚀变形 | 目视 | 准确判断有无缺陷 | |
| 12 | 检查阀轴 | 检查是否有弯曲变形、锈蚀与吹损情况 | 目视 | 准确判断有无缺陷 | |
| 13 | 清理接合面 | 清理打磨各接合面 | 砂纸目视 | 接合面无损伤 | |
| 14 | 记录检查情况 | 记录各个零部件的检查情况 | | 准确记录 | |

## 2.3　操作实施 3　回装蝶阀

回装蝶阀操作见表 2-3。

表 2-3 回装蝶阀操作

| 序号 | 操作步骤 | 操作要求 | 工器具 | 测评标准 | 备注 |
|---|---|---|---|---|---|
| 1 | 回装阀板 | 将阀板放入阀内腔中 | | 阀板准确装入 | |
| 2 | 阀轴穿入 | 将阀轴从上部穿入,通过阀板 | | 轴准确装入,无碰擦 | |
| 3 | 装上对开圆环 | 将半开环装入到阀杆上,并提升轴 | | 半开环准确装入 | |
| 4 | 回装销子 | 回装阀板与轴的连接销与螺钉 | 铜棒 | 销子装入方向正确 | |
| 5 | 回装下端盖 | 回装 O 形圈、下端盖,并用力矩扳手紧固螺栓 | 力矩扳手、开口头 12 号 | O 形圈、下端盖正确装入,螺栓均匀紧固 | |
| 6 | 回装密封圈 | 使用新的密封圈并检查,压入阀体内。 | | 密封圈无缺陷,平整装入 | |
| 7 | 回装压盖 | 检查压盖平面,装入阀体,并紧固内六角螺钉 | 内六角扳手 6 号 | 螺钉对称均匀紧固 | |
| 8 | 装入填料 | 填料依次装入填料函,接口错开 90°～120° | | 填料错开装入 | |
| 9 | 回装填料压盖与螺母 | 回装填料压盖,并用力矩扳手紧固填料压盖螺母 | 力矩扳手、开口头 19 号 | 按照力矩对称均匀紧固螺母 | |
| 10 | 关闭阀门 | 旋转阀轴至阀门关闭状态 | 手动 | 阀门确认关闭 | |
| 11 | 透光检查 | 用手电照射阀门一侧密封面,查看另外一侧密封面 | 手电、目视 | 判断阀门密封是否合格 | |
| 12 | 回装支架 | 将支架安装原位置回装至阀体上,并紧固螺栓 | 两用扳手 24 号 | 支架完好回装,螺栓对称均匀紧固 | |
| 13 | 回装键 | 将键回装至轴上 | | 键无掉落 | |
| 14 | 传动装置回装 | 将传动装置回装至轴上,确保键槽与键的相互配合 | | 传动装置装入,键配合完好 | |
| 15 | 回装传动装置与支架螺栓 | 对称均匀紧固传动装置与支架螺栓 | 两用扳手 24 号 | 螺栓对称均匀紧固 | |
| 16 | 开关阀门 | 手动开关阀门几次 | 手动 | 阀门无卡涩 | |
| 17 | 清理设备表面 | 用清洗剂与白布清洗设备表面 | 清洗剂、白布 | 设备表面清洗干净 | |

## 2.4 实施中需要特别注意的几个关键点

1) 轴的拆除

2) 透光试验

3) 传动装置的回装

# 第三章 故障检查和处理

## 3.1 常见故障现象和判断方法检查和处理

常见故障现象和判断方法检查和处理见表 3-1。

表 3-1 常见故障现象和判断方法检查和处理

| 序号 | 故障现象 | 判断方法 | 故障原因分析 | 故障排除方法 |
|---|---|---|---|---|
| 1 | 阀门内漏 | 阀门关闭后，系统仍有流量 | 密封面损坏 | 更换密封圈 |
| 2 | 轴端泄漏 | 填料压盖处有介质渗出 | 填料损坏 | 更换填料 |
| 3 | 连接法兰处泄漏 | 与管道连接处有介质渗出 | 连接螺栓紧固不均匀 | 均匀紧固螺栓 |

## 3.2 常见故障原因分析和故障排除方法

常见故障原因分析和故障排除方法见表 3-2。

表 3-2 常见故障原因分析和故障排除方法

| 序号 | 故障原因分析 | 故障排除方法 |
|---|---|---|
| 1 | 密封面损坏 | 更换密封圈 |
| 2 | 填料损坏 | 更换填料 |
| 3 | 连接螺栓紧固不均匀 | 均匀紧固螺栓 |

## 3.3 特殊故障现象和判断方法

特殊故障现象和判断方法见表 3-3。

表 3-3 特殊故障现象和判断方法

| 序号 | 故障现象 | 判断方法 | 故障原因分析 | 故障排除方法 |
|---|---|---|---|---|
| 1 | 阀轴转动不灵活 | 开关阀门较为费力 | 轴承损坏 | 更换轴承 |

## 3.4 特殊故障原因分析和故障排除方法

特殊故障原因分析和故障排除方法见表 3-4。

**表 3-4 特殊故障原因分析和故障排除方法**

| 序号 | 故障原因分析 | 故障排除方法 |
| --- | --- | --- |
| 1 | 轴承损坏 | 更换轴承 |

# 第四章　操作结束

## 4.1　解体后验证

解体完成后检查零部件与备件是否有所缺失，手动开关阀门数次，验证阀门无卡涩。

## 4.2　总结培训过程

阀门解体前，熟悉阀门的工作原理与结构，核实所需工具与备件。检验阀门是否有缺陷，如有缺陷则解体阀门，解体阀门时，在对应位置做好标记，先分离执行传动装置与支架，拆除下端盖后，拆除阀轴，注意先取出销子、固定螺钉以及对开环，清洗各个零部件并检查是否完好，进行必要的修复。更换备件后按照原始标记进行回装，注意螺栓的紧固力矩与方式，回装完成手动开关阀门，验证阀门无卡涩，清洗设备表面。

## 4.3　评判

学员对解体过程进行阐述，并说明其中的关键点以及注意事项。教员对学员的陈述简要记录，根据阐述评判学员的掌握情况。教员指出学员阐述过程中的错误以及需要注意的事项，并且依据评判表，对学员的学习情况做出整体评判。

## 4.4　清理现场

工作结束后，做到工完料尽场地清。工具整理并与工具清单进行对比，确保工具无缺失，并检查工具的可用性，记录损坏情况并汇报。对更换的领料物资与领料单进行核实，确保所有可更换的物资已更换。清理工作过程中的耗材，进行分类处理，放置到对应的塑料袋中。清理现场的塑料布，橡胶板，必要时用白布清理现场。

## 4.5　工后会

工后会是对整个工作的过程的回顾以及必要的经验反馈。

回顾工作过程：场地已清理，设备标牌完好，工作许可证已归还，对检修任务进行评价，是否达到预期的目的，试验设备与工器具已经归还。

工作后的经验反馈是对以后同类型的阀门工作的经验积累，以提高工作的检修技能，能够更好地完成检修工作。

# 第五章 经验反馈

2013年7月25日，巡检人员发现4PTR002PO流量不稳定，查看流程图与系统管道走向后，初步确认4PTR006VB阀门内漏，需要解体此阀门。

领取工作票，与运行人员交流信息，验证工作地点及隔离边界，联系服务搭制脚手架，拆除阀门与管道的法兰连接螺栓，将阀门放置检修区域，清理管道法兰密封面，封堵临时开口，解体阀门，清洗阀门，检查发现阀瓣7点钟方向有严重划痕，且打QDR，编号4QDR-2013-MM-014，处理方法打磨修复，解体时发现压板设计尺寸与密封圈尺寸不符，压板不能压住密封圈，且打(QDR)4QDR-2013-MM-015，处理方法：机加工配合压板车削0.4 mm，更换密封件，组装阀门，均匀紧固端盖螺栓力矩49 N·m，均匀紧固填料压盖螺栓力矩86 N·m，对阀门进行透光试验，经QC验证合格，拆除临时封堵，更换法兰垫片，将阀门回装到管道上，均匀紧固法兰连接螺栓力矩250 N·m，阀门开关无异常。

故在开始工作前需要验证备件的尺寸的准确性，并记录与解体后更换的零部件进行对比，确保互换性。

# 第六章　习　题

## 6.1　选择题

1. 一般的手动蝶阀的传动方式为(C)。

A. 皮带　　B. 齿轮　　C. 蜗轮蜗杆

2. 蝶阀主要运用在(A)管道。

A. 大口径　　B. 小口径　　C. 微小口径

3. 此蝶阀的阀座密封的材质为(A)。

A. EPDM　　B. 不锈钢　　C. 碳钢

## 6.2　判断题

1. 蝶阀在解体前需要做标记。　(√)

2. 回装填料时,整组填料一次性放入。　(×)

3. 螺栓回装时,需要对称均匀紧固。　(√)

## 6.3　论述题

蝶阀的解体过程?

答:确认蝶阀的隔离状态,蝶阀处于关闭状态,标记传动装置与支架的位置,拆除支架螺栓,取下传动装置,标记支架与阀体的位置,拆除支架,拆下填料压盖;标记压圈的位置,拆除压圈,取下密封圈;标记下端盖,拆除下端盖,拆除蝶板与轴连接的销子以及固定螺钉,取下半开环,轻轻敲击轴,取下轴并拆除蝶板,取下填料,零部件放置于检修垫上。

## 6.4　实操题

**鉴定点:蝶阀解体**

**试题 1:蝶阀解体**

1. 准备要求

考场准备:

(1) 试题名称:蝶阀解体

(2) 本题分值:20

(3) 考核时间:40 min

(4) 考核形式:实操

(5) 设备设施准备

| 序号 | 名称 | 规格 | 单位 | 数量 | 备注 |
| --- | --- | --- | --- | --- | --- |
| 1 | 模拟体 | | 台 | 1 | 教学用模拟体一台 |

考生准备:

(1) 试题名称:蝶阀解体

(2) 本题分值:20

(3) 考核时间:40 min

(4) 考核形式:实操

(5) 工具及其他准备

| 序号 | 名称 | 规格 | 单位 | 数量 | 备注 |
| --- | --- | --- | --- | --- | --- |
| 1 | 一字螺丝刀 | | 把 | 1 | |
| 2 | 两用扳手 | 12 号 | 把 | 2 | |
| 3 | 两用扳手 | 17 号 | 把 | 2 | |
| 4 | 两用扳手 | 19 号 | 把 | 2 | |
| 5 | 两用扳手 | 24 号 | 把 | 2 | |
| 6 | 两用扳手 | 30 号 | 把 | 2 | |
| 7 | 内六角扳手 | 6 号 | 把 | 1 | |
| 8 | 力矩扳手 | 20～100 N·m | 把 | 1 | |
| 9 | 开口头 | 12 号 | 个 | 1 | |
| 10 | 开口头 | 19 号 | 个 | 1 | |
| 11 | 铜棒 | | 把 | 1 | |
| 12 | 销子冲 | | 把 | 1 | |

2. 考核要求

(1) 本题分值:20

(2) 考核时间:40 min

(3) 考核形式:实操

(4) 具体考核要求:根据解体阀体,熟悉其关键点,蝶阀解体需标记位置,解体过程大致步骤

(5) 否定项说明:零部件遗失,未全面回装

3. 配分与评分标准

| 序号 | 考核内容 | 考核要点 | 配分 | 评分标准 | 扣分 | 得分 |
|---|---|---|---|---|---|---|
| 1 | 蝶阀解体前准备 | 确定蝶阀解体前的准备工作是否充分 | 3 | 1. 未模拟检查隔离状态扣1分。<br>2. 未标记蝶阀各位置扣2分。 | | |
| 2 | 蝶阀解体 | 蝶阀零部件的拆卸顺序 | 5 | 1. 轴的取出方式有误扣2分。<br>2. 零部件拆除时发生损坏扣3分。 | | |
| 3 | 零部件清洗、检查 | 零部件清洗、检修的项目 | 5 | 1. 重要零部件未清洗扣2分。<br>2. 未全面检查各个零部件情况扣3分。 | | |
| 4 | 蝶阀回装 | 蝶阀回装顺序 | 5 | 1. 轴回装方式错误扣2分。<br>2. 有零部件未装入扣3分。 | | |
| 5 | 透光试验 | 透光方式的实施 | 2 | 透光试验操作方式不当扣2分 | | |

否定项:零部件遗失,未全面回装

评分人: 年 月 日 核分人: 年 月 日

# 第十五部分　手动研磨技术

## 第一章　操作准备

### 1.1　原理描述

研磨时，加在研具上的研磨剂在受到工件和研具一定的压力后，部分磨料被嵌入研具内，当研具与工件做复杂的相对运动时，磨料就在工件和研具之间作滑动、滚动，产生切削和挤压，而使工件表面磨去一层峰，同时研磨液起化学作用，很快形成一层氧化膜。在研磨过程中，峰处的氧化膜很快被磨掉，而谷的氧化膜受到保护，不能继续氧化，从而在切削和氧化的交替过程中得到符合要求的表面。

磨料基本分类：天然磨料、合成磨料。

磨料基本系列：氧化铝系列、碳化物系列、金刚石系列等。

磨料型号的表示方法：目数表示法和直径表示法。

### 1.2　文件准备

因研磨作为设备解体的一部分工作内容，故不单独准备工作包。只准备工前会、工后会等文件。

### 1.3　工器具准备

1）研磨平板一块
2）手电一个
3）刀口尺一把
4）阀芯一个
5）剪刀一把

## 1.4 模拟体准备

模拟体处于可用状态。检查模拟体是否齐全,以确保教学过程的顺利实施。

## 1.5 辐射防护准备

培训楼教室内无辐射风险,教学过程中无须采取辐射防护措施。

## 1.6 工业安全准备

按照工业安全规定执行,所有人员穿戴劳动保护用品。具体的工业安全准备需根据现场环境而确定,但基本的工业安全需要准备。所有人员必须佩戴安全帽、防砸鞋、工作服、手套等。检修场地使用警示带进行围栏,确保工作过程中无非工作人员进入。

## 1.7 配合人员准备

无。

## 1.8 场地准备

现场铺设塑料布用于放置工器具、耗材;清理场地,确保培训场地无其他杂物;合理分配场地,确保工具、设备的合理分布,方便培训;在场地外围布置警示带。

# 第二章　操作实施

## 2.1　操作实施 1　研磨前准备工作

研磨前准备工作见表 2-1。

表 2-1　研磨前准备工作

| 序号 | 操作步骤 | 操作要求 | 工器具 | 测评标准 | 备注 |
| --- | --- | --- | --- | --- | --- |
| 1 | 研磨平板质量确认 | 用刀口尺或平面度检测仪对平板进行平面度确认 | 研磨平板、刀口尺 | 平面度、粗糙度合格 | |
| 2 | 对密封面进行清洁 | 对表面进行清洁，可清晰看到密封面状况 | 擦拭布或砂纸 | 可进行目视检查 | |
| 3 | 对密封面进行目视检查 | 检查密封面有无蚀点、贯穿纹等 | 目视 | 准确判断缺陷 | |

## 2.2　操作实施 2　手动研磨密封面

手动研磨密封面操作见表 2-2。

表 2-2　手动研磨密封面操作

| 序号 | 操作步骤 | 操作要求 | 工器具 | 测评标准 | 备注 |
| --- | --- | --- | --- | --- | --- |
| 1 | 粗磨 | 将 60 μm 或 80 μm 的 3 M 研磨砂纸贴在平板上，将阀芯放在上面按 8 字方向循环运行进行研磨。 | 研磨平板、阀芯 | 密封面无麻点、锈坑。 | |
| 2 | 中磨 | 将 30 μm 的 3 M 研磨砂纸贴在平板上，将阀芯放在上面按 8 字方向循环运行进行研磨。 | 研磨平板、阀芯 | 密封面基本光亮。 | |
| 3 | 细磨 | 将 15 μm 的 3 M 研磨砂纸贴在平板上，将阀芯放在上面按 8 字方向循环运行进行研磨。 | 研磨平板、阀芯 | 密封面光亮。 | |
| 4 | 精磨 | 将 9 μm 的 3 M 研磨砂纸贴在平板上，将阀芯放在上面按 8 字方向循环运行进行研磨。 | 研磨平板、阀芯 | 蓝油试验，密封线连续清晰 | |

## 2.3　操作实施 3　清理现场

清理现场操作见表 2-3。

表 2-3　清理现场操作

| 序号 | 操作步骤 | 操作要求 | 工器具 | 测评标准 | 备注 |
| --- | --- | --- | --- | --- | --- |
| 1 | 清理现场 | 清理设备表面,清理检修设备附近区域的异物 |  | 检修设备无异物 |  |
| 2 | 做到工完料尽场地清 | 清理检修完成后的零部件、材料等 |  | 无零部件、材料遗漏 |  |
| 3 | 整理工具 | 整理工具与原始工具清单对比 |  | 工具无缺失 |  |

## 2.4　实施中需要特别注意的几个关键点

1）研磨忌拿到零部件就研磨,应该先对密封面进行观察判断后再进行；

2）研磨平板的平面度和粗糙度要符合要求,精度在要求范围内；

3）研磨砂纸粘贴要平整,不能留有气泡。

# 第三章　故障检查和处理

## 3.1　常见故障现象和判断方法检查和处理

常见故障现象和判断方法检查和处理见表 3-1。

**表 3-1　常见故障现象和判断方法检查和处理**

| 序号 | 故障现象 | 判断方法 | 故障原因分析 | 故障排除方法 |
| --- | --- | --- | --- | --- |
| 1 | 密封面腐蚀 | 目视检查 | 介质腐蚀、冲刷 | 研磨或更换 |
| 2 | 密封面有划痕 | 目视检查 | 阀门启闭 | 研磨或更换 |

## 3.2　常见故障原因分析和故障排除方法

常见故障原因分析和故障排除方法见表 3-2。

**表 3-2　常见故障原因分析和故障排除方法**

| 序号 | 故障原因分析 | 故障排除方法 |
| --- | --- | --- |
| 1 | 介质腐蚀、冲刷 | 研磨或更换 |
| 2 | 阀门启闭 | 研磨或更换 |

## 3.3　特殊故障现象和判断方法

无。

## 3.4　特殊故障原因分析和故障排除方法

无。

# 第四章 操作结束

## 4.1 总结培训过程

培训结束后对整个培训过程进行总结,内容包括:培训的课时设置是否合理,完好密封面的基本要求,研磨中的注意事项,以及判定密封面质量的方法等。

## 4.2 评价

学员对研磨过程进行阐述,并说明其中的关键点以及注意事项。教员对学员的陈述简要记录,根据阐述评判学员的掌握情况。教员指出学员阐述过程中的错误以及需要注意的事项,并且依据评价表,对学员的学习情况做出整体评价。

## 4.3 清理现场

工作结束后,做到工完料尽场地清。工具整理并与工具清单进行对比,确保工具无缺失,记录损坏情况并汇报。清理工作过程中的耗材,进行分类处理,放置到对应的塑料袋中。清理现场的塑料布,橡胶板,必要时用白布清理现场。

# 第五章 经验反馈

2012 年 11 月 21 日 12 时 37 分，秦二厂运行人员现场巡检发现 3DEL004VD 安全阀内漏，导致 3DEL001BA 压力持续下降，最低降至 0.1 MPa。机械人员核实现场后，准备工作文件，待取到工作许可证后，进行检修。

2012 年 12 月 1 日，机械人员准备工作文件，领取工作许可证，进行检修。现场与运行人员交流信息，验证隔离边界，确认检修设备正确，从系统拆下阀门。然后对拆除的安全阀进行台架密封性试验，发现该阀门的密封性不符合要求。解体检查该阀门，发现该阀门的密封面有不明显的划痕缺陷，检修人员对该阀门的阀瓣阀座进行研磨抛光，重新组装阀门，并进行压力整定及密封性校验合格。回装该阀门，清理现场，归还许可证，工作结束。系统投运后安全阀无泄漏。

# 第六章　习　题

## 6.1　选择题(每小题 5 分)

1. 影响密封面质量的主要因素不包括以下(C)。

A. 阀门开启或关闭时摩擦　　B. 介质对密封面的冲刷和侵蚀

C. 材料老化

2. 下列研磨步骤正确的是(A)。

A. 粗磨、中磨、细磨、精磨　　B. 粗磨、细磨、中磨、精磨

C. 粗磨、中磨、精磨、细磨

3. 当密封面锈蚀坑大于(A)时需要用车工对密封面进行车削。

A. 0.5 mm　　B. 1.0 mm　　C. 0.2 μm

## 6.2　判断题(每小题 5 分)

1. 研磨工作不一定从粗磨开始,可视密封面的好坏程度来确定。　(√)

2. 研磨速度随着粗研、精研等情况的不同而不同。　(√)

3. 蓝油试验时,阀门的密封线需连续均匀。　(√)

## 6.3　简答题(每题 10 分)

1. 常用的研磨材料有哪些?

答:砂布、研磨砂、研磨膏、砂纸

2. 常用磨料的粒度 $P$ 表示的值与公制中心值是如何对应的?

答:

| $P$ | $P80$ | $P280$ | $P500$ | $P1000$ | $P1200$, $P1500$, $P1800$ |
|---|---|---|---|---|---|
| μ | 200 μ | 60 μ | 30 μ | 15 μ | 9 μ |

3. 常用磨料有哪些系列?

答:氧化铝系列、碳化物系列、金刚石系列。

## 6.4 实操题(每题15分)

**鉴定点:手工平板研磨**

**试题1:手工平板研磨**

1. 准备要求

考场准备:

(1) 试题名称:手工平板研磨

(2) 本题分值:15

(3) 考核时间:20 min

(4) 考核形式:实操

(5) 设备设施准备

| 序号 | 名称 | 规格 | 单位 | 数量 | 备注 |
|---|---|---|---|---|---|
| 1 | 研磨平板 | 400×600 | 块 | 1 | |
| 2 | 闸阀阀芯 | DN50 | 个 | 1 | |

考生准备:

(1) 试题名称:手工平板研磨

(2) 本题分值:15

(3) 考核时间:20 min

(4) 考核形式:实操

(5) 工具及其他准备:无

2. 考核要求

(1) 本题分值:15

(2) 考核时间:20 min

(3) 考核形式:实操

(4) 具体考核要求:根据密封面状况进行研磨,了解研磨的具体步骤。

(5) 否定项说明:无

3. 配分与评分标准

| 序号 | 考核内容 | 考核要点 | 配分 | 评分标准 | 扣分 | 得分 |
|---|---|---|---|---|---|---|
| 1 | 研磨前准备 | 确定研磨前的准备工作是否充分 | 3 | 工作文件不齐全扣1分,研磨平板精度不检查扣2分 | | |
| 2 | 研磨步骤 | 砂纸使用正确 | 3 | 正确识别砂纸型号并正确使用 | | |
| 3 | 研磨力度 | 力度适宜 | 3 | 用力均匀且不偏心 | | |
| 4 | 研磨速度 | 速度适宜 | 3 | 速度合适,粗磨略快,精磨略慢 | | |
| 5 | 工完料尽 | 保持现场整洁 | 3 | 工完料尽场地清 | | |

评分人: 年 月 日 核分人: 年 月 日